给孩子的基础科学启蒙书

天文，太有趣了！

柠檬夸克 ---- 著
得一设计 ---- 绘

化学工业出版社
·北京·

图书在版编目（CIP）数据

天文，太有趣了！/柠檬夸克著. —北京：
化学工业出版社，2022.9
（给孩子的基础科学启蒙书）
ISBN 978-7-122-41731-2

Ⅰ．①天… Ⅱ．①柠… Ⅲ．①天文学 – 青少年读物
Ⅳ．① P1-49

中国版本图书馆 CIP 数据核字（2022）第 105860 号

责任编辑：张素芳
责任校对：杜杏然
美术编辑：尹琳琳　梁　潇

出版发行：化学工业出版社（北京市东城区青年湖南街 13 号　邮政编码 100011）
印　　装：中煤（北京）印务有限公司
710mm×1000mm　1/16　印张 10　字数 180 千字
2023 年 8 月北京第 1 版第 1 次印刷

购书咨询：010-64518888　　　　　　售后服务：010-64518899
网　　址：http://www.cip.com.cn
凡购买本书，如有缺损质量问题，本社销售中心负责调换。

定　价：39.80 元

目 录

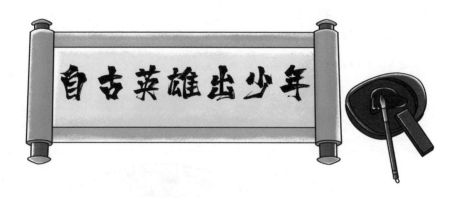

第 1 章

认星星

嗨，你喜欢看天上的星星吗？

星星？当然喜欢啦！我觉得它们好神秘！

 怎么神秘啦？

你看！漆黑的夜幕，闪闪的星星，像不像夜空中调皮的精灵？又好像眨着的好奇的眼睛。每次我盯着它们看上一会儿，就会感觉仿佛它们有话要对我说。它们叫什么名字？它们有什么故事？谁和谁一起算是一个星座？为什么我是宝瓶座的，我们班赵小萌就是人马座的？有外星人吗？哪颗星星上住着外星人？外星人来过地球吗？会来吗？真有UFO吗？未来，会发生星球大战吗？……

 哎哟天哪！你的问题怎么这么多！

我还没问完呢，外星人的皮肤真是蓝色的吗？还有，这些星星是从哪儿来的？到底有多少颗？

 好啦好啦！我们一个个来。巧得很！柠檬认识好多星星呢，而且一肚子都是星星的故事，可以慢慢讲给你听。

好啊，你快说！

走，我们到外面去……今晚天气不错嘛！这么多星星！柠檬我呢，嘿嘿，不好意思，天文知识又这么丰富，一下子都不知从哪儿说起……对了！就是它！

古今相伴北极星：星光闪闪，古今相伴

北极星是天上唯一一颗看上去几乎不动的星。无论冬夏，无论黎明、子夜还是傍晚，北极星永远待在天空的正北方。在没有指南针的年代，它是人类在夜晚唯一的方向标。从古到今，它一直是地球人忠实可靠的伙伴，是高挂于夜空的明灯，为野外迷路的人指引方向，帮助在海浪中航行的人找到回家的路。

北极星对中国人，还有更重大、更崇高的意义。

你知道古代皇宫又叫紫禁城吧？这个名字怎么来的？

中国古人把北极星叫作紫微星，认为它是高贵的天帝的住所。紫微星在天空的北部，位置几乎不变。皇帝作为人间的君主，应该和天帝对应，所以古代的皇城都建在城市的北部。北京故宫就是这样啊。紫禁城的"紫"就来自紫微星；"禁"呢，就是说这个地方一般人不能随便进去喽。

可我记得，我看到的北京地图上，故宫不在最北边啊！

 现代人没有这个观念啦。现在的北京比以前大了好多倍，当然故宫也就不在城市北部了。你要是看明清时的北京地图就能看出来了。

原来是这样！我觉得，北极星真的很有用！要是在野外迷失方向，又没指南针的话，就得靠它了。可哪个是北极星啊？这么多星星，看着都一样啊！

柠檬认星有绝招

☆ 北极星

没错！孤零零的一颗北极星的确不大好辨认。别怕！柠檬认星有绝招！现在传授你"勺口捞星法"——借助比较好认的北斗星，找到北极星。

北斗星，同样大名鼎鼎！也在天空的北部，一共有七颗星，又叫北斗七星。这七颗星都挺亮的，在天空中排列得像把勺子，特别好认。文雅的中国人还给它们一个个取了名字，好听得不得了！分别叫：天枢、天璇、天玑、天权、玉衡、开阳和瑶光。咱们从天璇到天枢画一条线，一直延伸出去。好啦！北极星就在这条线上。可以说，北极星就在北斗七星的"勺口"，顺着"勺子"就能"捞到"北极星。

可有时候，糟了！"勺子""舀"到地里去了——北斗七星的位置特别靠近地平线，我们看不到全部的七颗星。尤其是在我国南方，"勺子"就不那么好找了。

没事！柠檬还有第二招——"仙后指星法"。

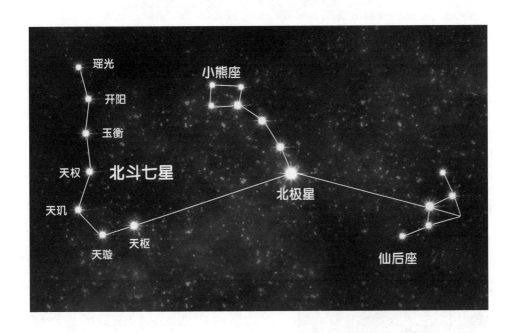

仙后，就是仙后座，也在天空的北部。仙后嘛，当然拉风！全年都可以在夜空中看到她靓丽的身影，秋季尤其闪亮。仙后座最亮的 5 颗星组成如同字母 W 的形状。看！W 上面有两个开口吧？北极星正对着这两个开口之间。喏！

好哟！好哟！这下，我怎么都能找到北极星啦！嘿嘿！

 我们再来认星座！

太好了！星座我最感兴趣了！快说！哪个是我的星座？

 别急嘛，我们先从最好认的开始——

猎户座：冬夜壮美的英雄

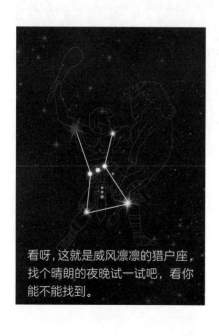

看呀，这就是威风凛凛的猎户座，找个晴朗的夜晚试一试吧，看你能不能找到。

猎户座绝对称得上是冬季北半球天空的明星人物，非常好找，全世界的人都能看见它。一个星座里，会聚几颗明亮的大星，还排得很规则，特别壮丽！柠檬猜想，西方古人干吗把它比作猎人呢？大概联想到了人间的勇士吧。柠檬每次仰视它，都觉得寂静冬夜、满天寒星，因为它的矫健身影，被染上一层古希腊神话的色彩。

你看！神话中，英俊强壮的猎人俄里翁正带着他的猎犬大犬座和小犬座，奋力追赶猎物金牛座呢。他的猎物天兔座蹲在一边，鬼头鬼脑，不知是在找机会逃走，还是在庆幸自己还没被看到。

哪儿呢？哪儿呢？猎人在哪儿？

 抬头！就在我们头顶上方！

猎户座中最明亮的 7 颗星组成了一个特别的图案。冬季，在我们头顶上方或略微偏南的天空中，可以很容易地找到猎户座。

看到那颗红色的星了吗？它是猎户座 α（希腊字母，读阿尔法）星，是猎户座里最亮的一颗星。

在这颗星的正东方，还有一颗很亮的星，叫小犬座 α 星。

沿着猎户的腰带，向南偏东寻找，可找到全天最亮的星——天狼星，又叫大犬座 α 星。

这三颗星组成著名的"冬季大三角"，也是冬季星空的标志之一。

柠檬有一次在飞机上，看到天空中的"冬季大三角"，心中真有一种难以形容的壮丽阔达。

我们中国古人对猎户座，又有另外一番解读。看到猎户座中间那三颗呈一字排开的星了吗？它们像是镶嵌在猎人腰带上的三颗闪亮的宝石。我们中国人说的"三星拱照"就是指的这三颗星。

太神奇了！星座的故事真有意思！可这星座是怎么来的呢？

这个问题问得好！星座是西方人发明的。我们先说说，中国的"星座"！

啊？中国还有星座？我还没听说过。

你知道天上有多少颗星星吗？

这……也太多了。怎么数得清？

用肉眼能分辨的星星就有6000多颗。这么多，天文学家该怎么研究它们呢？

星座：恒星的分组秀

大事化小嘛！这一点，东方人和西方人算是想到一块儿去了。

星星是多，天空是大。咱把天空分成一小块一小块，星星自然也就分成一小组一小组了，不就好办了吗？

我国古代把天空分为三垣和二十八宿（xiù），其中三垣分别是太微垣、紫微垣、天市垣。垣在星空中所占的面积比较大，宿的面积比垣小。二十八宿是：

青龙七宿	角木蛟	亢金龙	氐土貉	房日兔	心月狐	尾火虎	箕水豹
朱雀七宿	井木犴	鬼金羊	柳土獐	星日马	张月鹿	翼火蛇	轸水蚓
白虎七宿	奎木狼	娄金狗	胃土雉	昴日鸡	毕月乌	觜火猴	参水猿
玄武七宿	斗木獬	牛金牛	女土蝠	虚日鼠	危月燕	室火猪	壁水貐

这都是什么啊？好像都是动物？哎！亢金龙！唔！好像《西游记》里听到过。对了！我想起来了，"误入小雷音"那一集，是那个让孙悟空在自己犄角上钻个眼儿，把他从金铙里救出来的家伙吗？

没错！你的记性真好！中国古人认为这些星宿都是天上的"星君"，是神仙。

在西方，大约 5000 多年前，就已经有了星座的概念。后来，古巴比伦人和希腊人又细分和完善了星座。很多星座都起源于古希腊的神话故事。1928 年，国际天文学联合会正式宣布：将天空划分为 88 个星座，每个星座中最亮的星命名为 α 星，第二亮的星命名为 β（希腊字母，读贝塔）星……

这样的话，北极星，应该叫小熊座 α 星，"冬季大三角"由猎户座 α 星、小犬座 α 星和大犬座 α 星组成。而北斗七星呢，属于大熊星座。

我们在北半球全年都可以看到 46 个星座，剩余的 42 个星座就是南天星座啦。在北半球，只能看到它们的一部分，比如大犬座、波江座、半人马座等，而且越向北走，能看到的南天星座越少。

在全部 88 个星座中，有 12 个比较特殊。南北半球的人都能看到它们。因为这 12 个星座处于黄道面上，所以又叫黄道 12 星座。这 12 个星座是白羊座、金牛座、双子座、巨蟹座、狮子座、室女座、天秤座、天蝎座、人马座、摩羯座、宝瓶座和双鱼座。你是哪个星座的？

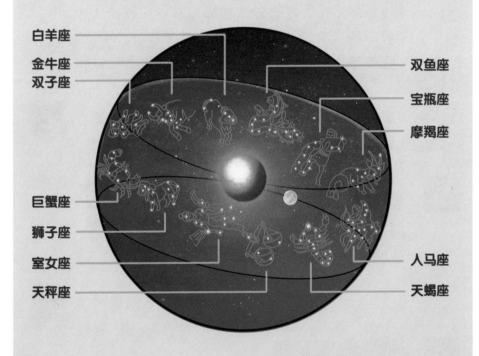

我是宝瓶座的哟！

 嗯，让我想想……按西方人的说法，宝瓶座的人好奇心强。哇！怪不得你问题这么多！不过呢，西方人用星座推测人的性格和命运，有时候听起来像是那么回事，可没什么科学依据。所以，建议你不妨吸取其中积极的内容，但不要太当真！毕竟人的成长过程中，后天努力更重要！

知道，知道！我不就很努力吗？你说的黄道面是什么意思？

 嗬！你真是努力呀！真的问题多多！黄道面是什么意思，我一会儿告诉你，因为还要先说一些铺垫知识。我现在先问你一个问题。

什么问题？

 等一下告诉你。

第 2 章

谁是天上最亮的星

等急了吗？听好了！咳咳……现在柠檬宣布问题：谁是天上最亮的星？

嗯，我想想，你说过的——是小犬座 α 星！

 不是！

不是？那是……大犬座 α 星，又叫天狼星！

 也不是！

还不是？那你等着，我明天告诉你！

 为什么明天才告诉我？

我去找个望远镜，看上一个晚上。一颗颗星看下来，我就不信找不到最亮的！

 别找了！肯定找不到，夜晚的星空里压根就看不见它。

那你还问我？你故意考一个我不知道的，你太坏了！

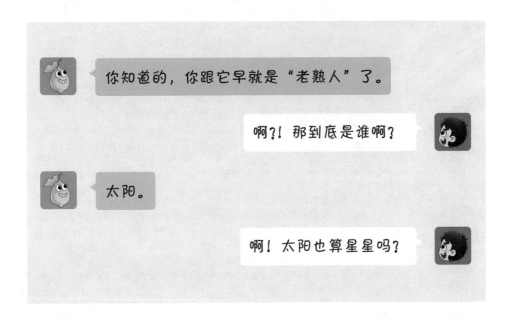

你知道的，你跟它早就是"老熟人"了。

啊?! 那到底是谁啊?

太阳。

啊! 太阳也算星星吗?

太阳系的"董事长"

当然算了，太阳是一颗恒星，而且是一颗既普通又不普通的恒星。

说它普通，是因为宇宙中有太多的恒星，太阳跟别的恒星没什么不同。

说它不普通，是因为太阳是离我们最近的一颗恒星。连我们地球所在的星系都因为它，被称为太阳系。

名字都是人取的，也可以叫"地球系"嘛！干吗胳膊肘往外拐？

 那是因为太阳在这个星系里，处于绝对的主宰地位！

太阳的质量占到太阳系总质量的 99.87%。太阳系中的八大行星，还有所有的小行星、彗星、星际尘埃……统统加起来，总质量只有太阳质量的 0.1%。这是多大的差距啊！所以，在太阳系里，太阳是当之无愧的老大，名正言顺的"董事长"。地球只是个"小股东"。

散户！散户！

 哦，还有比地球小得多的小行星、彗星。它们才算是"散户"吧。我们地球还够得上是个"小股东"，哈哈！

太阳系中所有的行星、彗星都围着太阳转，这种运动叫作公转。太阳可以说是不折不扣的核心！

太阳是个大气球？

　　光芒万丈的太阳是一个巨大的火球。它的表面温度高达 6000 摄氏度，内部的温度还要更高。你可以想一下：超过 100 摄氏度，水就变成气体了；超过 1535 摄氏度，连铁都化成水儿了。太阳那么高的温度下，没有什么东西能够保持固体状态。因此，和地球这样以固体物质为主的星球不同，太阳上没有固体和液体，而是以气体为主。可以说，太阳就是一个大气球。

柠檬悄悄话

　　严格地说，太阳上的气体也并不多。大部分物质以一种叫作"等离子体"的形式存在。这个有点难了哟，你要到大学才有机会学到。现在可以先记住：在温度极高的情况下，一切物质都会以等离子体的形式存在。这也不错呀，你连等离子体都知道了，可喜可贺！

　　由于是一个气体球，所以太阳上是不会有山的。太阳是一个比地球更加标准的球体。地球上有火山、地震一类的地质灾害。太阳上呢？你觉得它的上面会很平静吗？

说不好，应该会吧？都是气体，能怎么着呢？

 呵呵，告诉你一个规律：凡是温度高、能量大的地方都不会风平浪静。太阳上也不太平。

嗯嗯，也是！有道理。我养的那只鹦鹉，吃饱了就比饿的时候叫得欢——有能量了嘛。

 哈哈，这个比方有趣！好吧，如果你觉得能帮助你理解的话。太阳上面其实也有类似的——

"日质"灾害

首先是耀斑和日珥，它们都是太阳表面剧烈的喷发现象，有些类似地球上的火山爆发。

耀斑就是太阳表面一种猛烈的"爆发"。"呼——"它的持续时间很短，一般只有几分钟到几十分钟。

日珥持续的时间长一些，有时甚至能延续几个月。大的日珥可以高出太阳表面几十万千米，它的两头和太阳表面相连，中间呈弧形拱起，活像是太阳戴了个"耳环"，所以叫作日珥。

太阳发威了，可不是闹着玩的！耀斑和日珥爆发的时候，大量太阳内部的物质会被喷射出来。这些物质中的大部分最终还是会被太阳的万有引力给拉回去，不过也有一些就彻底喷出去了。这些物质的能量都很高，要是到了地球，能够摧毁地球上的一切生命。

除了耀斑和日珥外，还有太阳黑子。世界上最早的关于太阳黑子的记录出现在我国汉朝一部叫《淮南子》的书里。古人不知道太阳黑子是怎么回事，就是看见太阳上"长"了一颗"黑痣"。说到这里，柠檬要"听评书落泪——替古人担忧了"！古时候没有墨镜，也不知道古人是怎么观察太阳黑子的，多晃眼啊！你可不要直接用眼睛去看太阳啊，会弄伤你的眼睛。

太阳长"雀斑"，地球也遭殃

到了 19 世纪，科学家们开始系统地观察太阳黑子。哎呀！有重大发现哟！

首先，并不是太阳"脸上"真的长出什么来，而是太阳表面局部温度降低了。这里说的"降低"是相对于太阳表面 6000 摄氏度的高温说的，可并没真低到哪里去，也有 4000 摄氏度左右。放到地球上，也是吓死人的高温了！不过相对于 6000 摄氏度的太阳表面来说，4000 摄氏度的位置发出的光就要暗淡得多了，所以看上去才会觉得那个地方变黑了。

还有，太阳黑子爆发的周期是 11 年。也就是说，每过 11 年，

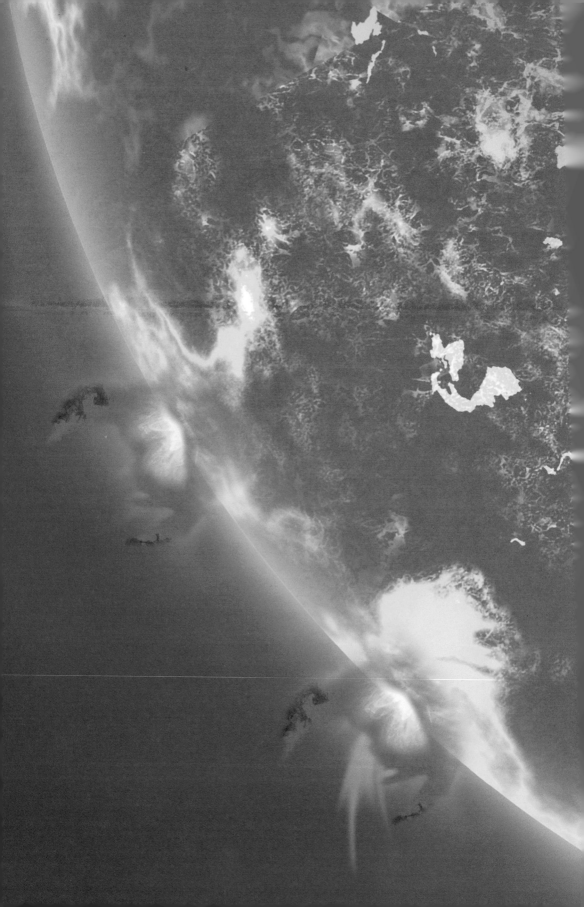

太阳的"脸上"就长出一大群"黑痣"。而在平时，也就是零零星星出现一些。

太阳"脸上"长了"黑痣"，地球也跟着郁闷。太阳黑子爆发的时候，地球上：

气候会变得干燥；

一贯认家的信鸽会糊涂得找不到路；

植物会生长得比往常更快！

真没天理！太阳发威喷火有杀伤力，这我能接受。太阳表面凉了点，怎么也这么折磨人啊？

太阳黑子活动比较剧烈的时候，也是太阳向外辐射带电粒子最多的时候。这些带电粒子虽然被地球的磁场挡在了外面，但它们还是会对地球产生影响，使地球上发生一些反常的事情。

柠檬悄悄话

　　哎呀！太阳"吐口唾沫"就能要我们的命，太可怕了！

　　可我们不是还活得好好的吗？因为有地球磁场保护我们。本套书中的《地球，太有趣了！》第 6 章"你不知道地球有多好"里讲过哟。

古人对太阳的认识

　　看到了吧？太阳对地球的影响真是太大了。我们当然要更多地了解它，是不？

　　老早老早以前，古人就对着天上这个圆圆亮亮的东西出神……

　　　　"啊，每天都这样，东边升起来，西边落下去。就是！太阳围着我们转呢。"古人认为，地球才是宇宙的中心。

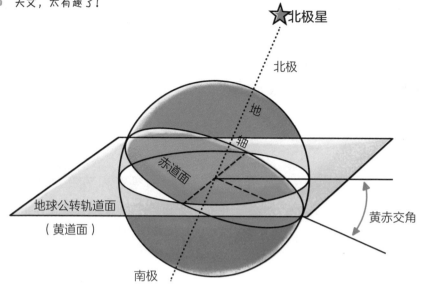

黄色的平面是地球的公转轨道面，也就是黄道面，红色的
平面是赤道面，它们之间的交角就叫黄赤交角。

你别笑呀！我们谁不是站在前人的肩膀上？谁不会犯错误？不要笑话古人。古人的观测条件比我们差远了，可他们的研究真够厉害！

他们硬是研究出，从地球上看，太阳绕地球旋转的轨道是在一个平面上，还给这个平面起名叫黄道面，地球赤道线所在的平面叫赤道面。更厉害的是，他们发现黄道面和赤道面不是平行的，这意味着地球自转的方向和公转的方向不一样。它们之间的夹角是23°26′，叫作黄赤交角。黄赤交角的存在，让太阳光直射地球的位置不断移动。于是，地球上出现了四季的交替，多姿多彩，充满活力。

古人没有现代化的计时工具。勤奋和智慧让他们认识到，太阳和月亮围绕地球旋转的时间基本不变，所以可以将其当作时间的基准。由此，有了历法，也就是说，一年有 365 天，一年有 12 个月……就是看着太阳、月亮这么定下来的。

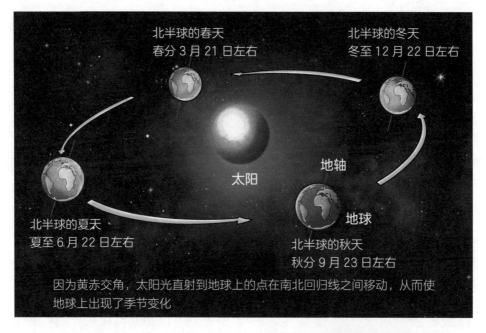

北半球的春天
春分 3 月 21 日左右

北半球的冬天
冬至 12 月 22 日左右

太阳

地轴

地球

北半球的夏天
夏至 6 月 22 日左右

北半球的秋天
秋分 9 月 23 日左右

因为黄赤交角，太阳光直射到地球上的点在南北回归线之间移动，从而使地球上出现了季节变化

还有更厉害的古人！

16 世纪，一个叫哥白尼的波兰人，经过观察，认为太阳才是宇宙的中心，地球绕着太阳旋转。我们知道，这个观点大大进步了。可在 500 年前的欧洲，哥白尼说的和《圣经》说的不一样，这可是一个天大的罪过！由于害怕被教会迫害，哥白尼一直不敢发表他的著作。直到临终前，他的著作才正式出版。

哥白尼（1473—1543），波兰天文学家、数学家。提出"日心说"在当时是非常大胆的行为，因为这和教会宣称的"地球是宇宙中心的说法"不一致。因此，哥白尼迟迟不敢发表自己的著作。当出版商寄来他刚刚印好的著作时，病榻上的哥白尼只抚摸了几下封面，就与世长辞了。

太阳的诞生

和所有的恒星一样，太阳起源于一片星云。

你知道吗？在宇宙中，只有很少的地方有星星。在没有星星的地方，绝大部分的宇宙空间都是空空荡荡，什么也没有。但也有一些地方充斥着气体和尘埃，那里的气体或尘埃密度比其他地方的稍大。这些气体和尘埃被万有引力束缚在一起，并不会随意飘散。我们把这种物质叫作星云。

质量大的星云是不稳定的。某个偶然的原因会使星云中某处气体或尘埃密度变大，使得星云在自身万有引力的作用下开始收缩。随着星云的收缩，它内部的引力会越来越大，同时温度也开始上升。当星云内部的温度达到 2000 摄氏度时，星云内的物质会发生一次剧烈地收缩。之后，一颗"婴儿恒星"——原恒星就诞生了。一般来说，从星云演化到原恒星，至少要 200 万年。

婴儿恒星会在引力的作用下进一步收缩，同时它内部的温度也会不断上升。当它内部的温度达到 1500 万摄氏度时，核反应就发生了。这时的恒星才称得上是真正的恒星。

这个过程花费的时间和恒星的质量有关。恒星的质量越大，它的成长速度就越快，相应地，它的寿命也越短。一个质量为太阳质量 30 倍的恒星，它的成长过程只需要 3 万年左右，而它的寿命也只有 300 万年。而一个质量为太阳质量一半的恒星，它的成长需要 1 亿年，寿命则长达 2000 亿年。太阳的寿命是 100 亿年，现在的它已经 50 亿岁了。

在大部分情况下，星云在收缩的过程中，会出现多个中心。也就是说，一片星云可以形成多个恒星。这也是在宇宙中，大部分的恒星是双星或多星系统的原因。比如天狼星，就是由两颗恒星组成的双星系统。

当然，也并不是每个收缩中心最终都能变成恒星。计算结果表明，只有质量大于太阳质量的 8% 时，恒星内部才会发生核反应，这样的星星才能被称为恒星。地球的"哥们儿"——木星，就没能圆自己的"恒星梦"。由于质量太小，它的内部不能发生核反应，白长了那么大的个子，只能屈尊，和咱们地球一起，给太阳做一颗行星。

不过有科学家认为，木星的引力很大，它无时无刻不在吸引着宇宙中的尘埃和气体落向木星。就像滚雪球一样，木星会变得越来越大。按照现在的速度，预计再过 30 亿年，木星就有可能达到成为恒星的基本条件。到那个时候，天上恐怕就要有两个太阳了。

好呀好呀！看来什么都是"有志者事竟成"啊！嗯，虽说我现在呢，就是一个小孩，可只要跟木星似的，不断吸收新知识，学新本领，总有一天，我也能成为科学家！

当然啦，你一定能行！

第 3 章

看，好美好美的月亮

柠檬，你看！今晚的月亮好美好美啊！

可不是嘛！又大又圆，好漂亮！

不光喜欢看星星，我也很喜欢看月亮呢。

我也是。

嗯，不知道为什么，一看到天上月亮又圆了，我就忍不住要冲它看一小会儿，心里有一股说不出的感觉。

太阳对地球影响巨大，一切生命都离不开它。可我们中国人好像自古就对月亮情有独钟呢！很多诗句都是写月亮的。

我知道，我知道，比如"秦时明月汉时关"，"露从今夜白，月是故乡明"，还有"人有悲欢离合，月有阴晴圆缺"……

哎！这句"人有悲欢离合，月有阴晴圆缺"特别好！借月亮的阴晴圆缺，感慨人间也是有喜有悲，有聚合有离别。可你知道从科学上讲，为什么"月有阴晴圆缺"吗？

我不知道。为什么呀？

为什么"月有阴晴圆缺"

你知道吧？月亮是不会发光的。我们写作文，一来就说"皎洁的月光"，其实，那是月亮"借光"了。那个光本来是人家太阳"原创"的。之所以我们在晚上能看到月亮，是因为它反射了太阳光。

既然是反射太阳光，当然只有对着太阳的那一面才会反射。可是月亮对着太阳的那一面和对着地球的那一面并不是同一面，准确地说，有时候是，有时候就不是。什么时候是呢？

在下图的情况中，月亮朝着太阳的一面，就是它朝着地球的一面。这个时候，我们能完整地看到月亮被太阳光照射的一面。我们看到的那个圆圆满满的月亮，就叫满月——农历每月十五，我们能看到它的模样。

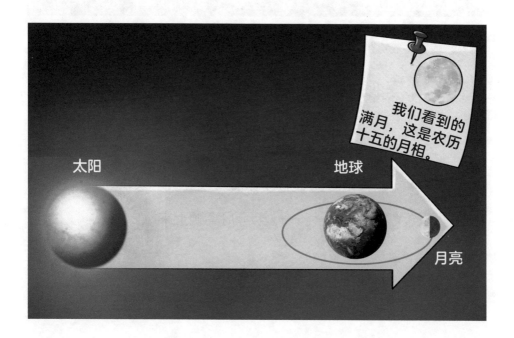

太阳　　　　　地球

月亮

我们看到的满月，这是农历十五的月相。

　　下面这张图表示的位置，月亮朝向太阳的一面，不是全都对着地球，只有大部分朝向地球。这个时候，我们看不到整个月亮了，只能看到大半个月亮。这大概就是农历每月十九的月亮。

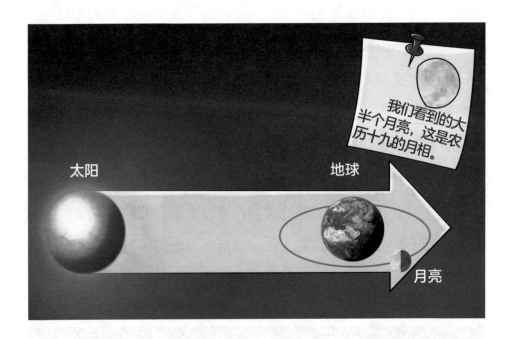

半个月亮爬上来

　　哦！月亮转到这个位置啦（如下页图）！月亮朝着太阳的一面，只有一半朝向地球了。这个时候会怎样啊？大约农历每月二十三，我们看到的就是这个样子——"半个月亮爬上来"！

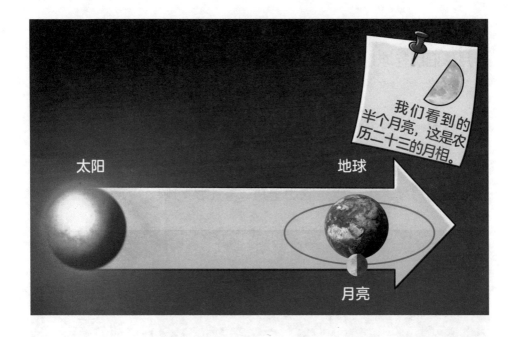

太阳　　　　　　　　　地球

月亮

我们看到的半个月亮，这是农历二十三的月相。

　　说到这儿，有个故事：相传清代江西才子刘凤诰身有残疾，只有一只眼睛。可他不但才华出众，而且很有抱负，在科举考试中得了第三名，这在当时叫高中"探花"。没想到在皇宫殿试时，乾隆皇帝看到他的身体缺陷，不知是想为难他一下，还是想表达自己的不满，故意出了个上联考他："独目焉能登虎榜。"意思是说，就你这一只眼睛，还想登上皇家的金榜吗？哎呀！这不是当面揭人家的短吗？可真够让人难受的！谁知刘凤诰面不改色，不卑不亢，应声回答："半月依旧照乾坤！"让乾隆听了又惊又喜。

　　这句"半月依旧照乾坤"是柠檬最喜欢的写月亮的句子。它告诉我们，不完美的人生，一样可以精彩！我们每个人都有弱点，比如柠檬自己啦，就没别人跑得快，也跳不高，还长得不好看——总有点小小的自卑啦。每当这时，柠檬就对自己说："不怕，不怕！半月依旧照乾坤！"耶！给自己打气！

有时候，月亮转呀转呀，就转到了这个位置上。月亮朝着太阳的一面，只有一小半面对地球。这个时候，连半个月亮都看不到了，只能看到月牙。这大概是农历每月二十七的时候。

我们看到的月牙，这是农历二十七的月相。

太阳　　地球

月亮

等等！这时候，就是"大漠沙如雪，燕山月似钩"，对吧？

哇！你会背这么多诗词啊！真厉害！

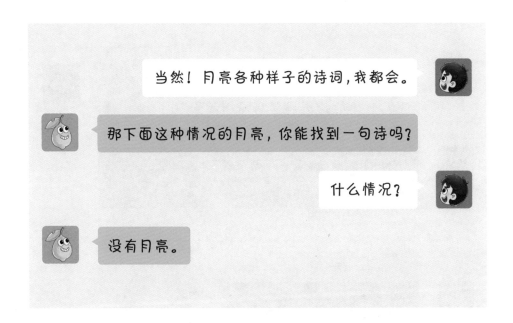

当月亮接受太阳照射的一面，完全没有对着地球的时候，也就是农历每月三十的晚上，我们自然就看不到月亮啦。

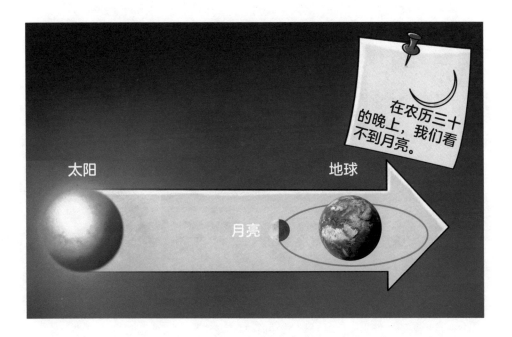

啊？这……看不见月亮了……能有什么诗呢？我只能说"月落乌啼霜满天"了……

 哇！难不倒你啊！再问你个问题，天上第二亮的星星是哪一颗？

月亮！这回我可不上当了！

 呵呵，果然变聪明了嘛！

那当然啦！我还知道好多呢，"举头望明月，低头思故乡"，"但愿人长久，千里共婵娟"。这里头的"婵娟"其实也是指月亮。你知道吗？

 嗯，又让你说着了！月亮给人的感慨中最多的是思念，思念故乡、思念远方的亲人和朋友。你说的这两句诗都表达了这样的感情。

这是为什么呢？

 这个问题大概见仁见智。不过从科学上讲，月亮对地球确实很"多情"！

永远的脸对脸

月亮是离地球最近的天体，是茫茫宇宙中，地球唯一的天然卫星。柠檬说的"天然卫星"指的是，区别于那些我们自己制造出来的人造卫星和空间站。说得浪漫点，月亮天生就是跟地球做伴的。在浩瀚的宇宙中，这两个个头不算大的小伙伴含情脉脉、情谊深长。

你有没有注意到？月亮永远用同一张"脸"对着地球，仿佛是长久如一的注视。这是因为月亮自转的周期，和它绕地球公转的周期一样。这种现象叫同步自转。

同步自转是由地球对月亮的潮汐力引起的。在本套书《地球，太有趣了！》第 3 章里"有吗？地球转慢了"提到过，月亮对地球的潮汐力导致地球自转变慢。要知道，月亮质量只有地球质量的 1/80 啊，月亮对地球的潮汐力都有这么大的影响，那么地球对月亮的潮汐力会产生什么影响呢？

最大的影响，当然也是使月亮的自转不断变慢，不过这个慢是有限度的。它的限度就是让月亮的自转与公转同步。到此，尽管潮汐力仍然存在，但不会对月亮的自转周期产生影响。同步自转并不是月亮的专利，太阳系中很多卫星都有。最有意思的还是冥王星和它的卫星卡戎，它们两个都同步自转，就一直脸对脸地"跳舞"。

月亮冷不冷

哎呀！你看，月亮被云彩给遮住了。我想起一句"烟笼寒水月笼纱"！

不错！你再说说，除了思念，月亮还给人什么感觉？

嗯……我想想——寒冷！李商隐不是有句诗说"晓镜但愁云鬓改，夜吟应觉月光寒"吗？姜夔的《扬州慢》里说"冷月无声"，还有《红楼梦》里的"寒塘渡鹤影，冷月葬花魂"……净是说月亮冷的。

那月亮到底冷不冷呢？

　　月球个头小，引力也很小，根本吸引不住大气。由于没有大气的保护，月球表面温差极大。面向太阳的一面，温度可高达123摄氏度，而背对太阳的一面，温度可低至零下233摄氏度。月球表面的年平均温度是零下23摄氏度，是够冷的！

　　另外，声音主要是靠空气传播的。月球上没有空气，自然也就没有什么声音。

月亮从哪里来

那就是真"冷月无声"喽？

呵呵，是的。

那月亮是怎么来的呢？苏东坡不是说"明月几时有，把酒问青天"吗？哦，可惜我这儿没有酒，只有一杯冰淇淋。

没错。古人盯着月亮看，也好奇：这个家伙什么时候跑来的？李白还写过"青天有月来几时？我今停杯一问之"。这一问，问了一千多年，还没有答案。

关于月亮的起源，科学家们提出了各种各样的假说。

首先是分裂说。这是著名的生物学家达尔文的儿子乔治·达尔文提出的。他认为月亮本来就是地球的一部分。因为地球转得太快，好家伙！愣是把自己的一部分给甩出去了，甩到天上成了月亮！地面上留了个大坑，就是现在的太平洋。

这个观点真是太有想象力了！如果真这样的话，柠檬推荐地球去参加"宇宙奥运会"的铅球比赛——它太生猛了！不过，想归想，科学家们说：这是不可能的。原因是地球的自转速度没有那么快，不足以把那么大的一块东西给抛出去。

很快又有人提出了俘获说，认为月亮本来是太阳系中的一颗小行星，当它运动到地球附近时，被地球的引力给"捉来了"——"老弟，我看你不错，别到处溜达了！就在这儿咱俩做个伴吧！"从此月亮成为地球的卫星。不过，也有人提出反对意见。他们说就凭地球的引力，没那个本事俘获月亮那么大的天体。

第三种说法是同源说。我们在上一篇讲到了太阳的起源，太阳是由星云收缩而成的。天文学家们认为，太阳、地球、水星……所有太阳系中的天体，最初都是同一片星云。随后在引力的作用下慢慢形成了太阳和星星们，并最终形成了太阳系。那么，地球和月亮当然都是那个时候形成的。不过这一假说也遭遇质疑。在地球形成之初，地球周围的星云物质都会被地球收入囊中，不会留给月亮那么多。

在所有的假说中，最刺激的一个就要算是撞击说了。话说在45亿年前，那时候太阳刚刚诞生5亿年，还很年轻。地球也在形成初期，地壳还很不稳定。突然，一个大概和火星差不多的星球向地球飞来。"咣当！"两颗星狠狠地撞在了一起。

这一撞，好嘛！把地球的自转轴都给撞偏了，形成了现在的黄赤交角。

这一撞，地球赚了！两颗星的大部分物质形成了现在的地球。

这一撞，使得一些撞碎了的物质弥漫在地球周边。由于万有引力的作用，经过漫长的演化，那些物质慢慢形成了今天的月亮。嘿！还多了一个卫星，真划算！

这哪里是撞星星，简直是撞大运！

近些年来，有越来越多的证据表明，听上去像是撞大运的撞击说，有可能是最接近真相的。不过到目前为止，还没有一种说法取得了最有力的证据。

2020 年 12 月 17 日，嫦娥五号探测器携带月壤顺利返回地球，标志着我国科研人员对月球的研究进入一个新的阶段。也许未来，我国的科学家就能从中发现月球起源的奥秘呢。

哎呀！太阳怎么来的都知道了，倒还不清楚月亮是怎么来的！

不过，这并不妨碍我们欣赏美丽的月亮。

你看！月亮又从云彩里出来了，又圆又亮！"海上生明月，天涯共此时。"

是啊，天上只有一轮明月，可在我们每个人心里，可以有千万个月亮。

第 4 章

哪有这事？
天亮两次

你见过一天早上天亮两次的事吗？

哪有这样的事？天怎么会亮两次呢？不可能啊。

 在我国商代的文献里，就有过"天再旦"的记录。"旦"的意思就是天亮，"再旦"就是说，天亮了两次。

啊？那是怎么回事啊？

 古人也不知道啊，就看见早上，天亮了；一会儿又黑了；过了一会儿，天又亮了。中国古代有世界上最早最完整的天文观测记录。虽然当时不知道这是什么原因，但古人还是忠实地把这事记录下来了。

那现在搞清楚没有，这到底是怎么回事呢？

 呵呵，其实就是发生了一次日全食。

圆圆的太阳从地平线升起来了——天亮了，这就是"旦"字的来历

什么情况？

日食，也叫日蚀。好端端的，太阳就突然缺了一块或者根本看不见了，这给人们一种莫名的恐惧感。无论是在我国，还是在国外，日食都曾经被认为是灾难的前兆。

在我国古代，人们说这是"天狗吃太阳"。一旦发生日食，人们就敲锣打鼓，想赶走天狗，好让太阳重新现身。一般日食的时间也没多长，一阵敲敲打打之后，太阳还真就又露面了！人们悬着的心总算放下了。

可皇帝的心还放不下。古人认为，天上任何风吹草动，都是天意的表示，作为天子，万万不能大意。好嘛！太阳都藏起来了，一定是皇帝做了错事，老天爷给点颜色看看。所以日食过后，皇帝都要赶紧进行祭祀，并且发布"罪己诏"，向老天爷承认错误。

在非洲，日食也曾引起恐慌。公元前 585 年，在米提斯与利比亚两个民族之间发生了战争。战争打到一半时，太阳不见了……

"天哪！这是怎么回事啊？一定是上天的惩罚，警告我们不许涂炭生灵。我们不打仗了，我们和解吧！"

于是战争结束，干戈化为玉帛。

当然，太阳也很快重现光辉。

日食不稀奇

其实，日食是一种很普通的自然现象。

我们知道，月亮绕着地球转，地球绕着太阳转。转着转着，月亮就到了地球与太阳之间，太阳、月亮、地球在一条直线上。月亮遮挡住了太阳光。喔，太阳就看不见啦。

通俗地说，日食发生时，地球就待在月亮的影子里。那么，你觉得在什么时间会发生日食呢？

月亮在地球与太阳之间，那肯定是农历初一了。

聪明！没错。一般来说，只有农历初一才会发生日食。

一年有 12 个月，每个月都有初一，那就是说一年可能发生 12 次日食了？

那可不是，一年中最多会发生 5 次日食。

啊？为什么呢？

还记得前面说过的黄赤交角吗？

记得，那是地球公转轨道平面（黄道面）和赤道面的交角，黄赤交角使地球上有季节变化。

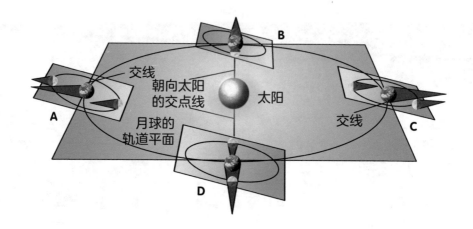

　　月亮围绕地球运行的轨道面与天球相交的大圆称为白道面。和黄赤交角相类似，白道面与黄道面之间也不重合，也有个夹角，平均为 5°9′。就是这么个小小的角度影响了日食的发生。

　　如果地球处于图中 A、C 两个位置，这时，尽管月亮运动到了地球与太阳之间，但此时的月亮并不在黄道面上，所以太阳、月亮与地球不在一条直线上，当然就不会发生日食。只有当地球处于 B、D 两个位置时，太阳、月亮与地球才有可能位于同一条直线上，才会发生日食。

　　当然，并不是说地球的位置要准准地处在 B、D 两点才会出现日食。一般来说，在 B、D 两个位置的前后 18 天之内，都有可能出现日食。我们把这 36 天称为日食季，一年有 2 个日食季，相差半年，分别对应 B、D 两个位置。

　　当地球运行到日食季的范围内，又正好是农历初一时，就会发生日食。一个日食季有 36 天，大于一个月的时间，所以在每个日食季里，至少会发生一次日食，最多可能发生两次日食。这样计算，每年至少会出现两次日食。

日食季在一年里的时间是不固定的，每年的日食季都会比前一年提前 20 天左右。所以，可能会发生这样一种情况，那就是一年中会出现两个半日食季，第一个出现在 1 月，第二个出现在 7 月，到了 12 月还赶上了半个日食季。

如果运气好的话，每个日食季都会发生两次日食，半个日食季也会出现一次日食。这样一年最多可以出现 5 次日食。1935 年就曾经发生过 5 次日食。预计 2160 年也会发生 5 次日食。

柠檬悄悄话

日食难得一见。要是赶上了，可要把握机会好好看一看。不过千万不能直接用眼睛去看太阳，那会伤害到你的眼睛。柠檬另有高招！请看本套书《物理，太有趣了！》第 1 章的"没搞错吧？低着头怎么看日食"。

哦，你是说一年中至少也会发生 2 次日食，最多会发生 5 次日食？

 对啊。

可我们并没有年年都看到日食啊？

　　那是因为地球体积远远大于月亮，当发生日食的时候，月亮的影子只在地球上扫过很少的地方，所以地球上只有很少一部分人能看到日食。

　　比如 2012 年 5 月 21 日发生的日食，在我国海南、广东、福建、台湾等省的部分地区，可以看到日环食。相邻的省份可以看到日偏食。而在北方，则看不到日食。

　　日食发生时，根据观察到的太阳的形状，可分为日全食、日环食和日偏食三类。柠檬画了一张日食发生时的示意图。

　　日食发生时，如果你在的地方位于粉色区域（A），太阳会被完全遮住，你就会观察到日全食。

　　如果你在的地方位于绿色区域（B_1，B_2），太阳会被遮住一部分，你会看到类似月牙一样的"日牙"，这是日偏食。

　　如果你在的地方位于黄色区域（C），你就会看到日环食，你会看到太阳的中央部分被遮住，边缘还在绽放光芒，像一个奇妙的金环。

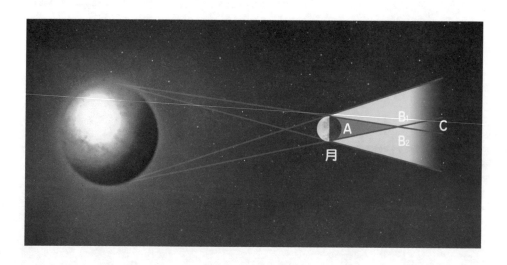

日全食下的科学研究

第一次世界大战后，英德两国彼此仇恨。英国政府拿出一笔钱，用于改善两国民间友谊。天体物理学家爱丁顿申请用这笔钱，验证爱因斯坦的广义相对论的第三个预言：光线偏折。这项观测难度很大，必须在日全食时进行。爱丁顿的理由是，广义相对论是德国人提出的，由英国人验证，不是刚好可以增进英德友谊吗？

对天文学家来说，日全食非常重要！那是一个很好的天文观测时机。平时太阳太亮了，耀眼的太阳光，让人不敢正视它，休想观察到太阳的细节和太阳背后的天空。发生日全食的时候，太阳光被挡住，天文学家们趁机架起望远镜，细细观察太阳的日珥，好好打量太阳旁边的水星、金星，还有太阳背后的星空。

柠檬悄悄话

广义相对论是什么？这个真的蛮高深的，需要储备一些数学和物理的知识，才能了解它。现在你不太费事就能知道的是，它是爱因斯坦发现的，是 20 世纪物理学最伟大的成就之一，它揭示了宇宙的本质！

1919 年，英国的天文学家爱丁顿带领一队人马专门跑到非洲的普林西比岛，去守候日全食。他利用这次日全食的机会，详细记录了太阳背后天空中星星的位置。通过和夜间星图的对比，他证明了星光在经过太阳附近时会受到太阳万有引力的作用而拐弯。这个实验结果与广义相对论的预言完全一致，从而间接证明了广义相对论。这可能是迄今为止，利用日全食做出的最重大的发现。

月食是这样的

说完了日食，下面我们再说说月食。

和日食发生的原理相似，当月亮运动到地球的背面，太阳、地球、月亮在一条直线上时，地球遮挡住了射向月亮的太阳光，这时就发生了月食。通俗地说，月食发生时，月亮待在地球的影子里。

要是这么说的话，月食就会发生在农历十五的时候了。

 没错。和日食一样，月食的发生也是有月食季的。

　　月食季和日食季的时间是大致重合的，同样是在第 54 页图 B、D 两个位置的附近。不过一个月食季只有 24 天，比日食季短。一个月食季的时间还不到一个月，所以不能保证每个月食季里都包含农历十五这一天，也就是说即使到了月食季，也不一定会发生月食。有的时候，一年也看不到一次月食。一年中最多有两个半月食季，最多可以看到 3 次月食，1982 年就发生了 3 次月食。

　　日食发生时，只有一小部分地方的人可以看到。月食发生时，所有处于夜晚的人们，都能观察到。所以，尽管月食出现的次数要比日食少，却更容易观察到。

"天再旦" 可以告诉我们更多

　　日食和月食这样的天文现象，还有超出科学范围的意义。

　　我们国家作为"四大文明古国"之一，号称有五千年的文明史。可实际上，目前我们有文字记录的历史只能追溯到公元前 1600 年的商代。这到现在也就是三千多年。史书记载的编年史开始于公元前 841 年。也就是说，公元前 841 年以后，每一年发生了什么事，都有史书记录得很详细。公元前 841 年以前，很多事情是哪年发生的，就模模糊糊，说不清楚了。

　　历史上著名的大禹治水，是哪一年？不知道。

　　武王伐纣，是哪一年？说不清楚。

　　盘庚迁殷，是哪一年？没地方查。

1996—2000 年，我国开展了"夏商周断代工程"，就是想要弄清楚我们民族的这段历史，捕捉中华文明最初的曙光，倾听历史长河的滔滔回响。

可过去几千年了，压根儿就没有记录的事情，你说该怎么搞？这时，科学家和人文学者的手就牵到了一起。一本史书记载周懿王元年"天再旦于郑"，那就是说周懿王元年，在"郑"这个地方，发生了日全食。快请科学家算一算！

一算，是公元前 899 年！哦，周懿王元年原来是公元前 899 年。这一下就把我们国家的编年史起点从公元前 841 年，向前推进到公元前 899 年。厉害吧？

哇！太棒了！这个"天再旦"真是很重要哟！

呵呵，这就是天文神奇的地方，它既是现在，又是历史，更是未来！

哦？这话是什么意思？

别急，柠檬慢慢讲给你听！

第 5 章

凭什么
2 月只有 28 天

认识了太阳，也欣赏了月亮，该说点地球上的事。

地球上有什么事啊？

 在地球上，观察太阳和月亮最直接的成果就是历法。

历法？

 一年有 365 天，一年有 12 个月，一个月有多少天，一天又是多长……这些可不是老天爷给咱规定好了的。这些都是我们人类摸索了很久，才定下来的。历法制订好了，可以让人生活工作都很舒服，特别是指导农业生产。历法制订不好，那可就非常闹心、糟心、虐心。

你这么一说，我倒还真有个虐心的问题。凭什么阳历 2 月，而且独独 2 月，就只有 28 天呢？寒假就在 2 月，好不容易盼到，还偏偏赶上一个最短的月，你说多虐心！

这还真是个问题！大人教我们"一三五七八十腊，三十一天整不差"，可这并没有解释为什么 2 月只有 28 天呀！他们只是告诉我们，一年中有 7 个大月，每月有 31 天；剩下的是小月，只有 30 天，其中 2 月有 28 天。可干吗要分大月和小月呢？凭什么 2 月就小到只有 28 天呢？干吗这么委屈 2 月？2 月招谁惹谁了？

是呀！我也问过，我妈就说，就这么规定的……你刚才说，历法好像跟天文观测有关系。既然是观测来的，怎么好随便规定呢？凭什么 2 月就给 28 天呢？

好吧，柠檬告诉你。

太阳历的起源

无论是东方还是西方，人类自古就对日月星辰怀有浓厚的兴趣和深深的敬畏，随着对它们的运行规律了解得越来越多，自然而然地，以天文观测为基础的历法出现了。其中最实用的两种无疑是太阳历和太阴历——这也很好解释，在人看来，天上个头儿最大的两个天体就是太阳和月亮。

先说说太阳历。太阳历就是我们俗称的阳历，顾名思义，以太阳绕地球一周的时间为一年。

哎，等会儿！柠檬你说反了吧？太阳绕地球一周？应该是地球绕太阳一周吧？

呵呵，没有。咱们前面说过，在古人看来，地球才是宇宙的中心，太阳、月亮和所有的星星都在绕地球旋转。这个观点直到400多年前哥白尼提出日心说才被纠正过来。

咱们接着说。目前有记录的最早的太阳历，是埃及人制订的。大约 7000 年前，埃及人试图通过天文观测来预测尼罗河泛滥的时间。他们发现，当天狼星第一次和太阳同时升起时，以那一天为基准，再过五六十天，尼罗河就开始泛滥，于是埃及人把这一天作为一年的开始。他们把一年分为三季，分别叫作洪水季、耕种季和收获季，每季 4 个月，每月 30 天。这样每年 12 个月，共 360 天，另加 5 天放在年尾，作为祭祀日。这种历法是通过对天狼星的观测得出的，所以被称为天狼星年。

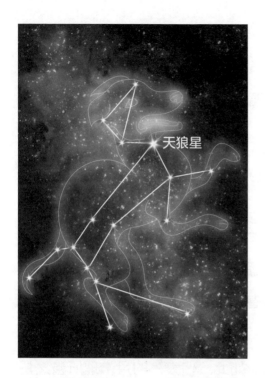

天狼星是大犬座中最亮的星，也是冬季夜空最亮的星。它醒目的光芒，引导了古埃及人对制订天文历法的最初尝试，也让中国人对它心怀戒备。中国古人一直把它视为外族侵略者的象征，苏轼有词："会挽雕弓如满月，西北望，射天狼。"

　　我国的彝族也在很早以前就制订了太阳历，和现在我们用的阳历挺不一样的。我们现在使用的阳历，也叫"公历"，在西方叫作"格里高利历"，是在古罗马历法的基础上，不断完善、演变而来的。

　　古罗马人大概在公元前 6 世纪建国，随后不断扩张，逐渐成为横跨亚、欧、非三大洲的帝国，硬是把地中海变成了古马罗帝国的内海，不可一世。古罗马人曾经先后使用过太阴历、太阳历、阴阳混合历等多种历法。然而，在使用中，他们发现，这些历法与天文观测都有一定的差距，不够准确。

　　公元前 1 世纪，盖乌斯·儒略·恺撒成为罗马共和国的执政官，他就是我们熟知的恺撒大帝。恺撒让埃及天文学家索西琴尼牵头，汇集了一批天文学家共同制订新的历法。根据当时最精确的天文观测，一年有 365.25 天。于是，新历法规定每年有 365 天，每四年设置一个闰年，闰年有 366 天。

2 月 28 天的来源——儒略历

新的历法在公元前 46 年开始执行，史称儒略历。

儒略历规定，每年冬至日之后的第十天，为新年的第一天，每年 12 个月，每个月的长度为交替轮换的 30 天或 31 天。

恺撒他老人家出生在 7 月。7 月的英文单词 July，就是从恺撒的名字 Julius 来的。如此"伟大"的月份理所当然是大月喽，31 天，必需的！于是所有的单数月份都跟着沾光，被列为大月，拥有 31 天。而双数月份自然就是小月了，有 30 天。这样算下来，一年就有 366 天了，多了一天，怎么办呢？

在古罗马，每年的 2 月是处决犯人的月份，就像我国古代的秋后问斩一样，所以 2 月被认为是不吉利的月份。那么就拿 2 月"开刀"，给它去掉一天好了。

恺撒死后，盖乌斯·屋大维成为新的执政官。屋大维可是世界历史上响当当的人物。他上任伊始就消灭了企图分裂罗马共和国的反对派。在位期间，他将罗马由共和制改为帝制，建立了罗马帝国，成为罗马帝国的第一任皇帝。罗马元老院赠予他"奥古斯都"的称号，是神圣、庄严、伟大的意思。屋大维统治罗马 43 年，为罗马帝国日后的大发展奠定了坚实的基础。

奥古斯都出生在 8 月，于是他把 8 月命名为奥古斯都（拉丁文为 Augustus）月，这也是 8 月的英文单词 August 的由来。不过按照儒略历，8 月是小月，只有 30 天。这显然让新君严重不爽。为了和恺撒平起平坐，奥古斯都下令将 8 月改为 31 天，同时 10 月和 12 月跟着沾光变成大月，9 月和 11 月则不幸地被降格为小月。这样算下来，一年又是 366 天了。于是倒霉的 2 月再次被迫"瘦身"，只剩 28 天了。儒略历中每 4 年就有一次闰年，闰年多出的这一天，就被加到了 2 月上。

现代的公历——格里高利历

儒略历在欧洲实行了 1600 年，对欧洲社会的影响巨大。不过 1600 年下来，儒略历累积的误差已经十分明显，大到不能装作没看见的地步。历法和天文观测之间已经有了大约 10 天的差距。这就真的让人糟心了！

怎么会有这么大的误差呢？因为恺撒时期的天文观测不够准确，在制订儒略历时，当时的天文观测是一年有 365.25 天，所以当时每四年设置了一个闰年。到了公元 16 世纪，天文观测结果表明，一年有 365.2425 天。这个数看上去与前面的差别不大，每年只差 0.0075 天，可是 1600 年下来，这个误差已经累积到十多天了。

为了使历法与天文观测相对应，1582 年，教皇格里高利十三世宣布改革历法，新的历法被称为格里高利历。

吓！又来了个新的历法，让我们看看，格里高利历有什么新动作。

首先，根据 1582 年的天文观测数据，儒略历的春分日与天文观测到的实际春分日相差 10 天。因此，格里高利十三世宣布，儒略历 1582 年 10 月 4 日星期四的次日，为格里高利历 1582 年 10 月 15 日星期五，中间的 10 天被直接去掉。所以 1582 年实际只有 355 天。

其次，为了使历法更加准确，格里高利历在闰年的设置上与儒略历略有不同。儒略历为每四年设置一个闰年，格里高利历则在此基础上进一步规定，年数能被 100 整除的不再是闰年，而年数能被 400 整除的还保留闰年。自 1582 年格里高利历实行以来，和儒略历相比，已经减少了 1700、1800、1900 三个闰年。

尽管在 1582 年，格里高利十三世就宣布了实施格里高利历，但当时只有意大利、波兰、西班牙、葡萄牙等少数国家用了这种历法，其他欧美国家还在使用儒略历。到 18 世纪，英国、美国等国家才开始使用格里高利历。世界上最后一个使用格里高利历的国家是土耳其，他们是 1926 年才开始使用的。

我国在 1912 年开始正式使用格里高利历，不过当时并没有使用公元纪年，而是使用民国纪年，比如 1912 年为"中华民国"元年，1913 年为"中华民国"二年……依此类推。中华人民共和国在 1949 年成立以后，立即宣布采用格里高利历。为了与我国传统历法相区别，我们把格里高利历称为"公历"或"阳历"。

考试时，要当心

由于格里高利历和儒略历长期共存，历史上还发生了一些"闹心"的事情。

英国著名的物理学家牛顿，按照格里高利历，出生于 1643 年 1 月 4 日。不过当时英国还在使用儒略历，所以无论牛顿的家人还是整个英国，都认为他出生在圣诞节的晚上，也就是 1642 年 12 月 25 日。

你在历史课上一定学过苏联的十月革命，考试时千万别"掉沟里"！不管是填空还是选择题，记住了：十月革命发生在 1917 年 11 月 7 日。

明明叫"十月革命"居然发生在 11 月！这是什么情况？还是历法的问题。

因为在 1917 年，当时的沙皇俄国还在使用儒略历。按儒略历，十月革命爆发的时间是 10 月 25 日，所以史称十月革命。从 1918 年开始，俄罗斯苏维埃联邦社会主义共和国改用格里高利历了，按格里高利历计算，十月革命就发生在 11 月 7 日。

可见，历法的混乱会造成不小的麻烦。为了使时间描述更加准确，我们在讲述 14 世纪到 19 世纪的历史时，涉及时间的，都要注明是儒略历还是格里高利历。

哎，柠檬，我越听越糊涂。你说历法是观测太阳和月亮的成果，可你刚才说的全都是人的规定呀，一会儿这么规定，一会儿那么规定，这怎么可以呢？

 哦，是这样。历法中很多内容是人为规定的，但一定是在天文观测的基础上规定的。就是说，历法要符合天文观测。假如地球都绕太阳转了一圈半，按你这历法，一年还没过完，这就不行。刚才我说的那些历史上人们做出的种种规定，也都要看是否符合天文观测，儒略历为什么后来被格里高利历取代了，不就是因为它和天文观测不符合，没法再用了吗？

我懂啦！嗯，那我又有了一个新问题了。

什么问题？

你等着，我去找个日历来！

第 6 章

日历上的小字
是谁定的

我看日历的时候，经常想，这些写在大数字旁边的小字，什么初一、初二、正月、二月……是怎么来的？

 那就是我们国家传统的农历啊。

你没发现一个秘密吗？那些大数字吧，跟上不上学有关，黑色字的日子就得上学，红色字就不上学。小字的日子跟好吃的有关！腊月三十吃大餐，正月初五吃饺子，正月十五吃汤圆，什么吃粽子、吃咸鸭蛋、吃月饼、吃糖瓜儿，还有哪天炖鸡哪天蒸馒头，哪天饺子哪天面，哪天烙饼摊鸡蛋……全都得看小字去。既然这小字管吃，我就想知道，谁定的这些小字啊？

 哦？你的发现是很有意思哟！

还有，我爸爸妈妈和同学们都给我过阳历生日，可我姥姥姥爷就给我过农历生日。每年这两个日子都不一样。这也挺好！我就能吃两次生日大餐，高兴两回。可我又想知道，为什么这阳历和农历就对不上呢？

好！咱们今天就来说说，这些蹲在日历上大大的阿拉伯数字边上，用一笔一画的方块字写的，看着不起眼，但地位举足轻重，专管好吃好喝的小字是怎么来的。

阴历 ≠ 农历

前面说了人类制订了太阳历和太阴历。太阳历是看着太阳来的，太阴历当然就是看着月亮来的了，古人管月亮又叫太阴星。以月亮绕地球一周的时间为基准，转一圈就是一个月。月亮绕地球一周是 29.5 天。对于地球上的人来说，从上一次月圆到下一次月圆，就算是一个月。每个月有 29 天或 30 天，每年 12 个月。

要说太阴历其实就这么简单，可你如果去看日历上的小字，会发现我们的农历比这复杂多了。可不是这个月 29 天，下个月 30 天，再下个月又 29 天……就这么下去就行了，还多出很多东西！所以说，我们中国传统的农历，并不是纯粹的太阴历，而是以太阴历为基础的阴阳结合历。

找到了吗？ 2020 年闰四月哦

啊？我觉得平时人们说的农历和阴历就是一回事啊，怎么农历就是阴阳结合历啦？

 对。阴阳结合历，其实正反映了我们中国人的一种智慧。

那怎么算阴阳结合呢？

 是这样的……

纯粹的太阴历是什么样子呢？就是老老实实地按照月亮的圆缺周期来——每个月有 29 天或 30 天，每年 12 个月。这样算下来，每年就有 354 天或 355 天，与太阳历的一年相差 10 天左右。

　　柠檬说过，历法是人制订的，但不是一拍脑袋，想怎么定就怎么定的。首先，要以天文观测为基础；其次，还得让人用着方便。

　　就是说，你定的历法要符合天文观测，不然就要出乱子。如果使用纯粹的太阴历，每年和太阳历的一年差 10 天，那么过上十几年以后，就可能六月天下大雪穿棉衣，腊月天里人们开着空调吃冰淇淋，冬天和夏天所在的月份和十几年前都不一样了，全乱套了！你说，这闹心不闹心？

　　我们国家自古就是农业大国，人们吃饭穿衣全是靠种地养蚕、纺纱织布来的。"清明前后，种瓜种豆""六月六，看谷秀"……这些可不是说着玩的，是要指导农业生产的——让农民知道，什么时候对应什么天气，该干什么农活。要是月份和季节的对应关系全乱了，人们都搞不清楚今年六月会是冬天还是夏天，四月是冷是热，你说农民该怎么干活？

地球上的同学要注意，历法还得听我的！

那就要想个法子，让月份和季节稳定对应，年年不变。

怎么办呢？

看来纯粹的太阴历不行，就是说光看着月亮来制订历法搞不定。那怎么改进呢？还得再看看太阳！这就是阴阳结合。

也是啊！月亮固然诗情画意，可它对地球的影响怎么能和太阳比？地球上一年四季，是阴是晴，是冷是暖，是白天还是黑夜，都是太阳拍板说了算；刮风下雨归根到底也都拜它所赐，所以人要制订历法，哪能不看它的脸色？

柠檬悄悄话

　　刮风下雨怎么能说拜太阳所赐？下雨天，太阳根本连面都不露，跟它有什么关系呢？请看本套书《地球，太有趣了！》第 11 章"柠檬气象台"，那里告诉你看似下雨天不上班的太阳，是怎么让地球上大雨倾盆的。

　　如果发现我们现在用的这个东西不是特别好，不一定就要把它一脚踢飞。想个办法对这个东西进行改进和调整，也是智慧的表现。要不说中国人聪明呢！古人就想到一个办法：在太阴历的基础上设置闰年。

闰年与闰月

　　注意啊！农历里的闰年是一年有 13 个月，多出来的那个月，叫闰月。和西方格里高利历的闰年不同，格里高利历中的闰年只比普通年份多一天，我们农历的闰年比普通年份多一个月！

　　以 2020 年为例，它既是格里高利历的闰年（2 月有 29 天），又是我国农历的闰年（闰四月，也就是有两个四月），一年有 13 个月，有意思吧！

　　闰年怎么设，这一个月往哪儿去加，要依据对太阳的天文观测。早在春秋时期，古人就在天文观测的基础上，制订了 19 年 7 闰的历法，也就是每 19 年中设置 7 个闰年。

　　这真是了不起！你想一想，春秋时期呀，距今 2000 多年了。那时候制订的这种 19 年 7 闰的历法相当精确！直到今天，我们还在用。说明它是经得住考验的。

那就是说，我们现在日历上的小字，都是春秋时代的人给定的？

哦，不全是！春秋时期定下来以后，每个朝代都有变化和改进。甚至一个朝代内，也不尽相同，比如汉代开国皇帝刘邦时期用的历法和汉武帝时期的就不一样。但是一个月29天或30天，一年12个月和19年7闰，这些是不变的，变的是对太阴历的调整方法。

你不是说，19年7闰就是对太阴历的调整吗？

在19年7闰这个大框架底下，还有更细微的调整方法，那些是会变的。比如……

　　秦始皇统一中国后，颁布施行了颛顼（zhuānxū）历。颛顼历也是每19年设置7个闰年，以十月为每年的第一个月，闰月放在九月的后面，称为"后九月"。颛顼历一直沿用到汉武帝时代，才不再用了。

　　为什么不用了呢？有句话说，鞋子合不合脚，只有穿上走走才知道。在中国，特别重要的一个标准是，好的历法要对农业生产有帮助。颛顼历对闰月的设置比较简单，不是特别好。人们发现了一种更好的方法，就是把闰月的设置和我国传统的二十四节气结合起来，这个方法我们下一篇再说。

日历上的小字，生活中的大事

在这里，柠檬想再说说我们的农历。

尽管自从 1912 年开始，我国改用格里高利历，农历只好屈尊，成了日历上的小字，可是在中国人心里，农历还是有很重要的地位。就像你说的"小字管好吃的"，其实那都是我们的传统习俗。不需要人特别督促提醒，每到这时候，不约而同，所有人都做一样的事。年年如此，不轻易改变，一代传一代，甚至全球的炎黄子孙集体行动。这就是一种文化了。

在农历里，一月不叫一月，叫作正月，每年的正月初一为一年的开始，古人说的元旦，就是这一天。现在为了区别于公历的一月一日，我们把这一天叫作春节。农历的十二月叫腊月，成语"寒冬腊月"指的就是农历的十月、十一月和十二月，这是一年中最寒冷的月份。

我国很多传统节日也是由农历日期确定的，比如正月十五元宵节、五月初五端午节、八月十五是中秋节……

我知道，我知道，还有九月初九重阳节、腊月初八叫腊八节。

 那你知道清明节是哪一天吗？

哦，好像是四月吧？哪一天……说不上来了。

 在我国的传统节日里，只有清明节不是定好的某月某日，它是每年根据天文观测确定的。

啊，清明节不就是给过世的亲人扫墓的日子吗？干吗还要天文观测呢？

 因为清明不光是一个传统节日，还是二十四节气之一。

我不明白，二十四节气是怎么来的？干吗还要天文观测呢？

 二十四节气的意义太重大了！哎，今天正好是端午节，我们先吃几个粽子，吃完了再说二十四节气。

 我要吃江米小枣的。

春分

立夏

秋分

第7章

二十四节气
透露了啥

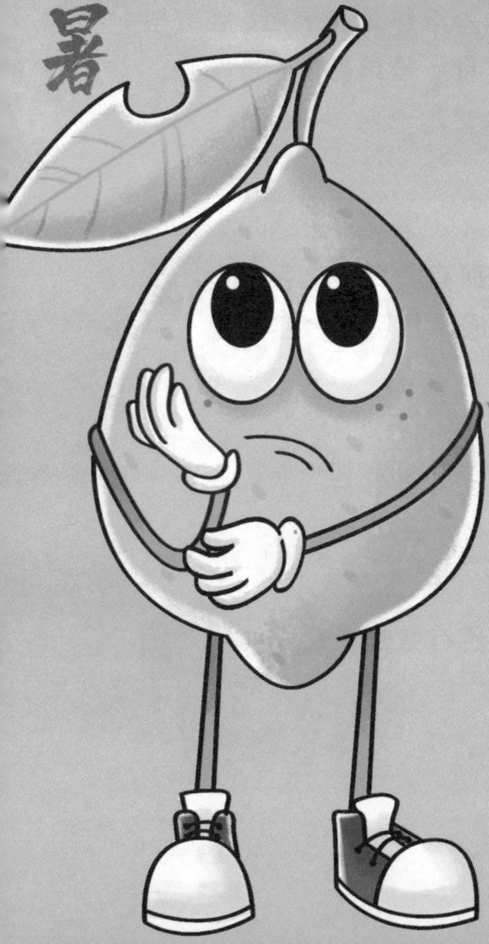

立冬

白露

小暑

暑

处暑

夏至

芒种

小满

我小时候，有件事好长时间都搞不明白，那就是干吗要弄出二十四节气？

哈哈哈，这有什么不明白的啊？节气就是告诉你哪一天是立春，哪一天是雨水，哪一天芒种……你怎么连这都不懂啊？柠檬，看来你小时候脑子不太好使啊！

 这我知道。可你翻开日历看，节气和我们的阳历是一一对应的。比方说立春，每年的立春都是 2 月 4 号前后。既然每年都是这个时候，那么我们只要记住是 2 月 4 号前后就成了，干吗还多费一道事，再给它起个名叫"立春"呢？

这个嘛，中国的古人就是特别有文化，文采诗意多到爆棚！你没看那些园林里的亭台楼阁，都有名字呢！

 不是这么简单。节气绝不是文人墨客诗兴大发，给某个日子起个好听的名字。

哦？那还有啥说道儿？

二十四节气里的大说道儿

柠檬也是后来才想明白，我们现在说的 2 月 4 号，是格里高利历的日期，不是我国古代使用的农历。也就是说，我们现在知道立春是 2 月 4 号前后，古人可不知道。以农历为标准，每年立春的日期都是不一样的，比方说 2020 年的立春是农历正月十一，可到了 2021 年的立春就是农历腊月二十二了，差好多呢。

那二十四节气是怎么来的呢？干吗要弄出二十四节气呢？

 二十四节气的具体时间不是推算出来的，也不是人为规定的，是根据天文观测确定的，而且是对太阳的观测。

这样二十四节气就有两个意义了。

第一，还是因为太阴历指导农业生产太不给力，聪明的中国人意识到，风调雨顺还得太阳说了算。于是观测太阳运行，找出一些特殊的天文时刻，这些时刻准确对应每年的天气变化。比如，芒种提示小麦等有芒作物要成熟了；谷雨意味着从这天起雨量开始充

足，谷类作物就好茁壮生长了；处暑预示炎热的暑天即将拜拜；立
冬标志着冬季的开始……

　　第二，二十四节气本来就是从天文观测来的，你说还能出
现和天文观测不符合的情况吗？不能够啊！

　　我们经常在天气预报或者新闻里听到，说今年立秋或立春是几
点几分。听了很奇怪吧？这怎么知道的？

　　二十四节气准确地说，是一些特殊的天文位置所对应的时刻。
通常，我们把春分时地球的位置定义为黄经 0 度，这样，夏至对
应的位置就是黄经 90 度，立秋对应的就是黄经 135 度。当地球运
动到相应的位置时，我们就说某某节气到了。这样，我们可以通过
天文观测和计算，推算出二十四节气到来的准确时间。

柠檬悄悄话

什么是"黄经"？

　　这个嘛，真的不是很好理解。简单地说，春分时，
在地球和太阳之间画一条线，以后每个时刻，地球
与太阳之间的连线和春分时那条线的夹角，就是黄
经夹角。下页这张示意图，你看看就好了。要能理
解的话，你太棒了！不能理解，也没关系。你记得
节气是地球绕太阳运行的一些特殊位置所对应的时
刻，就很不简单了！

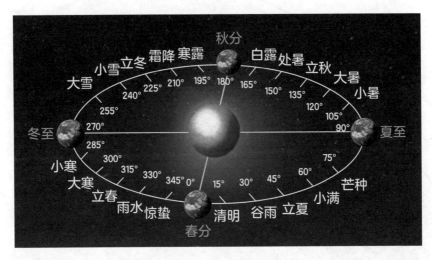

黄经夹角与二十四节气的对应关系

哦，是这样啊！我姥姥说："早立秋，冷飕飕；晚立秋，热死牛。"她说要是早上立秋就天气凉快，晚上立秋就特别热。我就不懂，立秋不就是这一天么？什么早啊晚啊的？

立秋，和其他节气一样，都是地球绕太阳运行的一些特殊位置所对应的时刻。所以，当然能算出是几点几分了。

帅耶！厉害了，厉害了！每次我姥姥这么说，我都听不懂，问她就说是老人都这么说，她也不知道。问我爸妈，他们也不知道。这下我知道了。回家去跟他们秀一秀。

别激动！待会儿还有更厉害的呢！

二十四节气让农民踏实了。这下知道每年什么时候的天气是什么样了，清楚什么时候该干什么了，五谷丰登就有了保证。勤劳聪明的中国人，有了一年又一年的丰衣足食，在壮丽的中华大地上，创造了灿烂的华夏文明。

二十四节气的闪亮登场，还完善了我们的农历。前面说了颛顼历里，把闰月当作一个"小尾巴"简单地加在年末，这也太粗糙了！有了二十四节气，闰月怎么加，节气来指点。

二十四节气是我们现在的叫法。在我国古代，人们把节气称为"气"，让立春打头，作为第一个"气"。还给这 24 个"气"分成 12 组，每组两个，前一个气叫"节气"，后一个气叫"中气"。

这个分法挺好玩的吧？

如果哪个月没有"中气"，这个月就是前面一个月的闰月。嘿！别说看起来简单粗暴，可这么设置的闰月，就是比颛顼历更符合天文观测，还能满足 19 年 7 闰的要求。

二十四节气真神！

二十四节气与 12 星座

还有更神的呢！柠檬敢打赌，一般人都没有发现。

二十四节气的日期和 12 星座的日期是完全吻合的！

12 星座是古希腊人根据他们的天文观测提出的。二十四节气是我们中国人根据我们的天文观测给出的。

居然一样！英雄所见略同！难道是巧合吗？

当然不是。只能说，东西方的智慧碰撞到一起了。

因为无论是古希腊人，还是我国古人，都是以太阳绕地球旋转的轨道为基础的，都把春分那天作为轨道的起点。不同的是，古希

腊人把每 30 度叫作一宫，将轨道分为 12 宫；而我们中国人则以
15 度为一个节气，将一年分为 24 个节气。

　　不过，它们也有区别。12 星座从确定至今，日期一直没有变
过。到现在，12 星座在天文学上的意义已经不大了，更像是算命
先生的工具。而二十四节气的日期和时间根据天文观测，每年都进
行修订。直到现在，这 24 个小精灵还在悄悄地提示我们自然界奇
妙、有趣的变化规律。

　　你看，是不是这样？

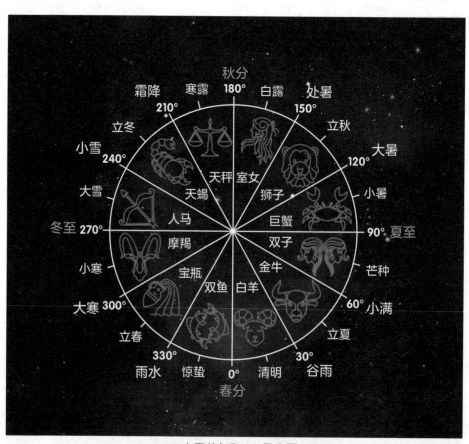

二十四节气和 12 星座图

立春："立"是开始的意思，立春就是春天到来的欢歌。

雨水：雨水要多起来喽！

惊蛰：春雷惊醒了土里冬眠的小虫子们，爬出来晒晒太阳，告诉人们天气渐渐变暖。

春分："分"是平分的意思，这一天白天和黑夜的时间相同。

清明：天气晴朗，草木繁茂。走喽！踏青去了！

谷雨：这天起雨量开始充足，谷类作物就好茁壮生长了，雨生百谷嘛！

立夏：甭问了，夏季开始了！

小满：小麦一类的夏熟作物的籽粒变得饱满，美哟！

芒种：麦类等有芒作物就要成熟了，挽起袖子，准备收获吧！

夏至：夏天来了，这是一年中白天最长的一天。

小暑：炎热开始袭来。

大暑：一年中最热的时候。瞧这汗出得！一手一把扇子，左右开弓！

立秋：秋季的开始，没说的。

处暑：炎热的暑天拜拜喽！扇子，明年见！

白露：天气转凉，小露珠开始挂在叶子上。

秋分：白天和黑夜的时间再次相同。

寒露：气温比白露时更低，地面的露水更冷，快要凝结成霜了。

霜降：夜晚空气中的水蒸气，变成地面和树叶上一层薄薄的白色，这叫结霜——天又冷点儿了。

立冬：冬季的开始，做好准备！

小雪：开始下雪了！

大雪：雪下大了，够堆雪人的了。

冬至：冬天来了，这是一年中白天最短、黑夜最长的一天。

小寒：开始了，让你尝尝冬天的滋味儿，"嗖——"棉衣棉裤呢？

大寒：一年中最冷的时候，"太冷了……"冻得直哆嗦！

可不是嘛哇！清明、惊蛰、芒种、白露……这些名字好美啊！我想起有首歌里唱"好聪明的中国人，好优美的中国话"！

 没错！让我们一起记住这 24 个可爱的小精灵，24 个美丽的名字！

哎哟，这要一下子都记住，可有点难……

 好记！柠檬教你个《节气歌》，特别好记，还特别好听！跟我一起说，来吧——
春雨惊春清谷天，夏满芒夏暑相连，
秋处露秋寒霜降，冬雪雪冬小大寒。

第 **8** 章

"柠檬号"
太阳系飞船（上）

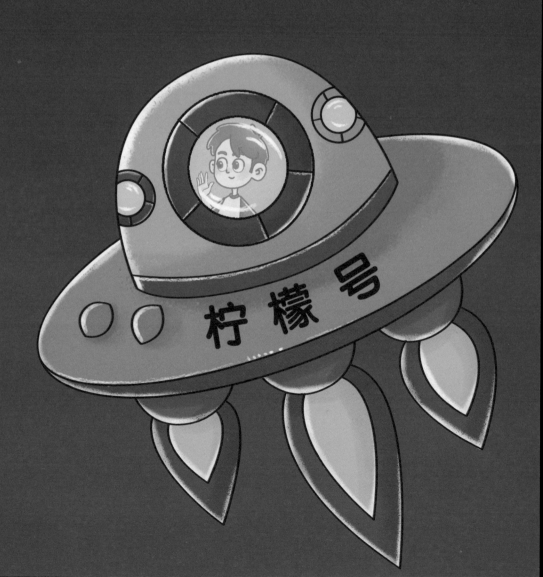

小克，快点！快点！要起飞了！你还磨蹭什么呢？

来了，来了！我拿上一包薯片嘛，唔唔唔唔……

 你嘴里吧唧吧唧地嚼什么呢？

巧克力！给你一块，要不要？

 唉，求你了，少吃点！给我的"柠檬号"飞船节约点燃料，好不好？

"柠檬号"？飞船？去哪儿啊？

 不是早就告诉过你，带你遨游太阳系吗？坐好！起飞了！

（呜——飞船起飞。）

啊！我还没系安全带呢！

 我们已经飞离地球大气层了。哇！好多好多星星啊！比地面上看到的多多了。喂！打起精神！"柠檬号"太阳系之旅现在开始！第一站——水星，马上就到。

水星：人小鬼大

水星是太阳系八大行星的排头兵。堂堂八大行星让一个小不点打头阵，后面那些大个子，还别不服气！水星是小了点，是太阳系八大行星中质量最小的一颗。别看个子小，人家长得瓷实，密度可不小。

像木星、土星、天王星、海王星那几个大块头，号称很强壮，其实是虚胖——都是气态星，就是一大团气。水星可是一身货真价实的"肌肉"，主要由岩石和铁构成，在太阳系大家庭里，密度仅次于地球，排行老二。

水星是小了点，但人家长得成熟，一脸沧桑——水星的表面坑坑洼洼，布满了环形山、盆地和断崖——咦？怎么这么苦大仇深的？受什么刺激了？唉！吃亏就吃亏在个子小上头了！水星的质量太小，根本吸引不住大气。别人光羡慕它离太阳近，可谁敢来试试？换谁也受不了！没有大气的保护，又离太阳那么近，水星表面那叫一个痛苦！太阳照射的一面，火烧火燎，温度高达约 440 摄氏度；背对太阳的一面，天寒地冻，最低可达零下 160 摄氏度以下。

人小鬼大的水星，也会干出点"太岁头上动土"的事来！有时，地球上的人们会以这样的方式看到它——从太阳表面穿过。这是水星运动到太阳和地球之间，在地球人的视野中，像是去跟太阳抢镜头。这种"犯上作乱"的行为被叫作"水星凌日"。好嘛！欺负到太阳系董事长的头上来了！

水星凌日的原理和日食类似。不过水星这小东西离我们太远了，根本不可能像月亮那样大模大样地挡住大部分的太阳，所以我们只能看到太阳表面有个小黑点飘过。

我是来打酱油的！

金星：真对不起它那一串好名字

"柠檬号"的第二站是金星。

金星的名字特别多，有中国名，还有外国名。在中国古代，金星又叫太白金星、长庚星、启明星。

太白金星不就是《西游记》里那个专门负责和孙悟空谈判的老头吗？

 对。就是他！

行星身份证

姓名：金星
曾用名：太白金星、
　　　　长庚星、启明星
英文名：Venus（维纳斯）
住址：银河系太阳系

　　长庚星和启明星这两个名字，是因为古人把它当成两颗星了。

　　还记得我们看月亮时，讲过江西才子刘凤诰的故事吗？乾隆皇帝给他出了一个上联"独目焉能登虎榜"，他对下联"半月依旧照乾坤"。乾隆一看厉害呀！立刻难度拔高，又出一联："东启明，西长庚，南箕北斗，朕乃摘星汉。"他对："春牡丹，夏芍药，秋菊冬梅，臣本探花郎。"

　　刘凤诰在科举考试中名列第三。在古代，第一名叫状元，第二名叫榜眼，第三名叫探花。他的下联真是巧妙得一语双关！引得皇帝龙颜大悦。在乾隆的上联中，东方的启明星和西方的长庚星，其实都是金星。乾隆还考人家呢，他自己就结结实实地犯了个大错误。

　　金星的英文名字直译过来叫维纳斯，好好听！在希腊神话里，维纳斯是爱与美的化身，同时也是执掌生育和航海的女神。

那还等什么？快点去看看这个美人！快下去啊！

我可不敢！死也不着陆！真实的金星，可不是什么美人，太恐怖了！

金星表面温度常年保持在 460 摄氏度左右，上面有浓厚的大气，空中飘浮着成分是硫酸的云层，下的都是强腐蚀性的硫酸雨。因为地表温度太高，雨点儿压根儿落不到地面就蒸发了。金星就像一头咆哮喷火的怪兽，火山喷发，此起彼伏。天上雷声滚滚，不时掠过一道闪电，更给大地笼罩一种恐怖的色彩，活脱脱就是神话里地狱的样子。

怎么会这样？听它的名字，我以为金星很美呢！

金星大气的主要成分是温室气体二氧化碳。有科学家推测，很久以前的金星不是这样的。现在这个鬼样子是失控的温室效应造成的。

我的妈呀！咱别过去了！还是离远点，看看就行了。

 这没问题。

金星是很容易看到的，它是夜空中除了月亮以外最亮的星，比天狼星还要亮 14 倍。

你不是说，天狼星是全天最亮的星吗？

 天狼星是最亮的恒星。

金星也是一颗固体行星，结构和地球类似。

 柠檬悄悄话

什么是温室效应？温室效应怎么这么恐怖？我们地球上也有温室效应，怎么才能避免地球的命运和金星一样？请看本套书中的《地球，太有趣了！》第 13 章"糟糕！地球发烧了"。

火星：没有一点火气

好了好了，金星不是什么好地方，咱们快走吧！下一站去看火星。

柠檬，你慢点啊！别离火星太近！我都让那个金星给吓着了。

哦，放心！我会注意。火星不是你想的那样。

人类一直对火星挺有好感的，觉得它和地球很相似，热情高涨地寻找火星人。找来找去，火星人没有找到，倒是分析出，远古时代的火星可能是个好地方，温暖湿润，适合生命生存。可现在呢？

现在的火星死气沉沉。火星的表面有高山，有峡谷，还有平原，不过没有旅游资源，不建议你到火星观光，因为那里没有液态水。

其实，火星上水的储量还真不小，可都给冻成冰了，像帽子似的扣在它自己的南北极上。随季节变化，这两顶"冰帽子"还变大变小，让拿着倍数不高的望远镜，朝火星张望的地球人浮想联翩，以为这是茂密的植被。哪有那么好啊！现在火星上不可能有高级生命，它和水星一样，没有大气，没有液态水，火山倒是还有，它上面最高的奥林匹亚山，比咱地球的珠穆朗玛峰高 3 倍呢，不过是座死火山。

原来火星是这样的啊！

我们再去看看其他行星吧！"柠檬号"起飞。

飞行中，"柠檬号"前面忽然出现很多怪石，迎面飞来。

当心！乱石阵到了！快趴下！

哎哟！吓死我了！怎么了？这是哪里？

小行星带。趴好！别动！捂住脑袋！

咚，咚，……啪！

什么声音呀？

可能是碰到小行星带的小行星上了，倒霉！

啊？我们会不会把小命丢在这儿啊？

第 9 章

"柠檬号" 太阳系飞船（下）

有惊无险，"柠檬号"安全穿越小行星带。

现在，我们可以把太阳系的八大行星分类。一种叫类地行星，它们是水星、金星、地球和火星，它们都是固体的，个子都不大，密度却挺大。另一种包括木星、土星、天王星和海王星，它们叫类木行星，都是气体的，个头巨大，但密度都很小。

下面，我们就去看看类木行星。首先是——

木星：霸气十足的杀手

木星是一颗气体星，它的主要成分是氢气和氦气。

木星在太阳系里，可以说是"一星之下，万星之上"，除了太阳就数它最大。要是有个足够大的跷跷板的话，需要至少 300 个地球一起上阵，才能和木星一块儿玩。你想想，它有多大！

可是，霸气的木星却霸气地"不带你玩"！

木星的庞大身躯产生的万有引力，可以强悍地把附近的小行星、彗星都吸过去，一口吃掉。1994 年，一颗叫作苏梅克－列维 9 号的彗星就遭此厄运。也赖它自己走路不长眼，竟然要往木星上撞。还没撞上，就被木星强大的引力生生撕成 21 块，而且被木星俘获，做了它的卫星。不过，可怜的小彗星想给木星当卫星，人家都不要，最终被木星吞噬。

真开眼了！这是人类第一次目睹太阳系里的天体撞击事件，看得目瞪口呆，嘴都快张成大红斑了。

如果把木星掏空，那么它里面足足可以装下1000多个地球，不过木星是气体星，个头虽大，但密度较小，论质量，它大约只相当于300个地球。

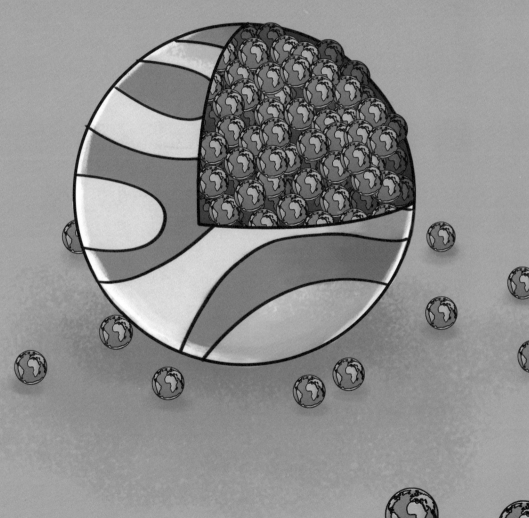

什么是大红斑呢？

木星有浓密的大气。木星上巨型龙卷风横行，几乎覆盖了木星的表面。几百年前，天文学家就观测到，木星表面有块圆形的红色。咦？什么东西？难道木星还给自己涂了个红脸蛋吗？叫它"大红斑"吧。后来才知道，敢情那是一股超级巨大的龙卷风，大到足够塞进好几个地球。

 小克，你知道咱们下一站是哪里吗？

水星、金星、地球、火星、木星、土星……啊！前面就是土星吧？好漂亮的土星光环！

 对！没错。

土星：其实一点都不土

土星真的不土，它的成分也是氢和氦。

土星的招牌造型就是戴一顶大草帽——那是它美丽的光环。哪儿土啊？帅帅的哟！

最早发现土星光环的是意大利物理学家伽利略。不过那时的望远镜性能实在太差，伽利略把光环当成了土星的两颗卫星。后来，望远

镜越来越高级，人们看清楚了，美丽的光环其实是一些冰块、岩石和尘埃，还排成一圈一圈的，绕着土星在转呢，仿佛是土星同时在转很多个呼啦圈。酷酷的嘛！

不仅是土星，木星、天王星和海王星都有光环呢，不过它们的光环不明显，要用高倍望远镜才能看到，不像土星的光环那么抢眼。

　　现在，"柠檬号"要非常小心谨慎，千万别撞上土星的卫星。这可不那么容易，因为它有60多颗卫星呢！

木星那么大块头，它的卫星难道不多吗？

多！木星也有60多颗卫星呢。它太威风，咱们刚才没敢离太近。现在离土星近一些，还有一个原因，是想让你看看土星的一颗卫星，叫土卫六。

土卫六有什么好看的？

　　土卫六上充满了未解之谜。连水星、火星这样的行星都没有的大气层，它一个小小的卫星居然就有！太阳系里独此一家，别无分号。凭什么？它的质量并不大，不够维持大气层。它为什么有大气，这就是一个谜。它的大气里还很有料，什么甲烷啦，乙烷啦……有不少有机物，这可都是能够形成生命的物质。就冲这个，科学家的眼睛就盯上土卫六了。他们希望，在这里可以找到地球上生命起源的证据。

柠檬悄悄话

想知道地球上生命起源的奥秘,请看本套书中的《地球,太有趣了!》第5章"最开始的生命是哪来的"。

这本书里没有列出每颗行星的卫星数量,因为望远镜越来越好,观测技术越来越高,会不断发现新的卫星。那些数字老是在变。你没必要记住,需要的时候,上网查查就行了。

"柠檬号"的前面还有天王星和海王星两颗大行星。它们哥儿俩应该一起说,因为——

天海之间,有段故事

1781年,英国天文学家威廉·赫歇耳用自制的望远镜发现了天王星。这是人类用望远镜发现的第一个行星。水星、金星、火星、木星、土星都是用肉眼就能看见的。

通过望远镜,人们惊讶地发现,天王星很有个性,很另类。

首先,它的自转轴几乎与公转轨道平面平行,就是说,它是躺着自转的。更诡异的是,它还不在自己的公转轨道上好好走,动不动就跑出去。

躺着自转也就算了，怎么还敢出轨呢？怎么回事？难道我们把它的轨道数据算错了？不可能呀！明明是按照万有引力定律算出来的，没错啊！

正当人们苦思冥想，希望搞清楚天王星自由散漫的原因时，一位年轻的英国天文学家亚当斯认为，在天王星轨道的外面，还有一颗未知的行星。它的存在，影响了天王星的运动，让实际轨道与理论计算出来的不同。

1846 年，亚当斯写信给英国皇家天文台。在信中，他告知了自己辛辛苦苦算出的未知行星的位置，请天文台观测一下。

"亚当斯是谁？没听说过。年轻人，嘴上没毛，办事不牢。"天文台的专家们因为亚当斯是个无名小辈，没当回事，把他的信随手扔到一边。

几个月后，一篇法国人勒维叶发表的论文，让英国天文台的专家一拍脑门儿："哟！这篇论文不是和那个什么亚当斯说的一样吗？敢情这小伙子有两下子呀。那……要不咱们也给他观测一下？也许……"

别也许了！正是！

就在这时，德国柏林天文台向世界宣布：发现新行星了。

原来，勒维叶急于知道自己的预言到底对不对，就把计算结果寄给了柏林天文台。

一接到信，台长当机立断：今晚就看！

没错！真的有！找到了，就在那儿。

因为离得太远，它的星光很微弱，可千真万确，它在那儿，发着荧荧的淡蓝绿光，像美丽的海水的颜色，人们以希腊神话里海神的名字给它命名，叫它海王星。

它同样由氢和氦组成，还有一些甲烷。

这下，英国天文台只能猛拍大腿了："哎哟！就这颗星呀，我们早就看见过，两次呢！"

对不起！对于漫不经心的人，机会注定溜走，看见了也白看。海王星的发现权，没您的份儿。

好了。故事讲完了，"柠檬号"该返航了。

别呀！等等！再算算海王星的轨道呀，没准又和观测的不一样了。说明外面还有一颗星，哈！又发现一个！就这样一个一个，像穿糖葫芦似的，就能一个个地发现。

"柠檬号"燃料不多了，咱们一边往回飞一边说。你可真聪明！冥王星还真是这么被发现的，不过它现在被开除了。

冥王星就是名字唬人。也许是因为发现了这颗异常遥远的星球之后，心情太激动了，天文学家们马上就给了它大行星的地位。这倒应了咱们中国人说的"远道的和尚会念经"，其实，它还没月亮大呢，真的！

名不副实的事情，肯定有人看不过去。一直就有天文学家说它不够格当大行星。中国人说"请神容易送神难"，其实外国人也有类似的想法。有人就说了："哎呀，名字都起了，'九大行星'也都叫响了。就这样吧！"

可是不行啊！后来又新发现了一些行星，有些比冥王星也小不到哪里去，怎么算呢？2003 年发现的阋神星，干脆比冥王星还大。怎么摆平？难道要它做第十大行星吗？

挠头，犹豫，纠结，争吵……2006 年 8 月，国际天文学联合会一锤定音：取消冥王星的大行星地位，降格为矮行星。

喉，也不知能不能看见它。

冥王星的光挺弱的，别回头看了！"柠檬号"已经往回飞了很远了，估计看不到了。

我是想被开除的滋味一定不好受，真希望冥王星能想开点儿。

小克，你真可爱！

柠檬，回去你教我万有引力定律吧！我要算算那个阋神星的轨道，说不定也能发现一颗新的星呢，你说我行吗？嗯，我是不是太小了？

牛顿 23 岁到 25 岁，完成了一生主要的科学成就。伽罗华 20 岁创造群论。莱布尼兹 27 岁发明微积分。爱因斯坦 26 岁提出狭义相对论。科学史上的重大发现，几乎都是年轻人做出的。英国天文台的教训不就说明，可不能小看年轻人吗？科学不看资历和年龄，需要的是勤奋和创新，年轻人就最有创新精神了。

那……我也有希望？

当然，你很有希望！

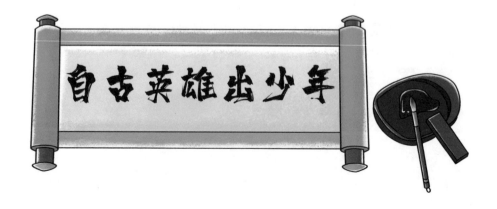

第 10 章

谁把你的名字
带上天

小克，你知道有什么办法能把你的名字带上天吗？

哦？又给我出脑筋急转弯？我叠个纸飞机，把我名字写上，嗖———

 脑子转得真快！可纸飞机总要掉下来啊。

那我找个氢气球，把我名字写上。一撒手，升空喽！

 主意不错。不过，氢气球升到高空以后，会爆炸的。

有了！我给航天员写封信，让他们带上"神舟"飞船。

 鬼点子真不少！"神舟"飞船也不能老飞在天上，总要返回啊。

小克郁闷中，无语中……

 我给你说个办法，能让你的名字永远遨游太空！

什么办法？

哪儿去了？那颗大行星

1766 年，德国的一位中学教师戴维·提丢斯偶然发现，太阳系中各大行星与太阳的距离满足一个简单的公式：

$$r_n = 0.4 + n/10, \text{其中} n = 0,3,6,12,24,48,96,\cdots$$

公式中的 r_n 为行星与太阳的距离，以地球与太阳的距离为单位。$n=0$，代表了水星；$n=3$，代表了金星；$n=6$，代表了地球……

按照这个公式计算，提丢斯发现，在 $n=24$ 的时候，也就是在火星和木星之间，应该还有一颗大行星才对。

哪有啊？根本没有嘛！

"数字游戏而已！让他蒙上了。"有人说。

这时候，人们只知道水星、金星、地球、火星、木星、土星这 6 颗行星。

到了 1781 年，发现天王星之后，人们把天王星与太阳的距离往提丢斯那个公式里一代——哟！对了！这时的 $n=192$，看来这个公式还真有些门道儿，也许火星和木星之间还真可能有一个大行星。

于是，不少天文学家开始架起望远镜，寻找这颗未知的大行星。

1801 年，西西里和皮亚齐宣布，他们发现了这颗星，给它取名为谷神星。

1802 年，奥伯斯宣布，他也发现了这颗星，可他看到的星与谷神星不是一回事。奥伯斯把它命名为智神星。

难道有两颗星？

不，不止！

1807 年，发现了婚神星和灶神星。

1845 年，发现了义神星。

1868 年，人们在这里发现的星已经有 100 颗了。

可是，还没完……

1923 年，这些星的数量达到了 1000 颗。

1951 年，10000 颗。

到现在，怎么说呢，取名恐怕一时取不过来了。很多星只能先给编个号，编了号的小行星已经有 12 万颗以上！

怎么会有这么多小行星呢？那颗大行星没有吗？

没有大的，都是小的。

左一个右一个的小行星跳进人们的视野，让人们渐渐意识到，这里不是一颗神秘未知的大行星"隐居"的家园，倒活像是个小行星们的"集体宿舍"。嗬！住户真不少，至少有 50 万居民，还是个超大型社区！于是，这里被称作小行星带。

这是怎么回事呢？

有人说，这里本来有一颗大行星，后来碎了，碎成现在这些小行星。

这也太不靠谱了！好好的大行星怎么会碎呢？为什么碎？怎么会碎得这么惨烈？是什么样的力造成的？这要释放多大的能量？这些统统找不到答案。这个说法只是个猜想，没有证据。或许它可以给那些一心想找到未知大行星的人一点安慰，但是多数天文学家没法相信它。

天文学家们普遍认为，在太阳系形成的初期，这里本来可以形成一颗大行星，不过由于这个地方距离木星太近，而木星恰巧是太阳系里最大的行星，受木星巨大的引力的影响，这颗"计划内"的大行星最终没能产生，它的原材料形成了现在的小行星带。不过这也仅仅是猜想，没有证据。

保持"星"距，防止追尾

还记得吗？"柠檬号"在从火星飞往木星的路上，遇到的"乱石阵"，就是这里——小行星带。太惊险啦！还有小行星差点撞上"柠檬号"呢！想想真可怕啊！

还有更可怕的呢！这些在星际中漫游的小不点儿似乎注定和

惊悚相连。

还记得吗？本套书中的《地球，太有趣了！》第 1 章"为什么地球是圆的"里提到的那个长相怪异的爱神星，就让它的发现者吓出一身冷汗。

1898 年，维特发现了第 433 号小行星，后来它被命名为爱神星。他算出爱神星的轨道后，惊恐地发现，这颗小行星的轨道居然穿过了火星的轨道，伸到地球轨道的旁边。1930 年，爱神星果然到达了距离地球 2500 万千米的地方，这可比火星与地球的距离还要近很多！

后来，人们发现还不只是一个爱神星，这样鬼头鬼脑，跑到地球边上做个鬼脸、吓唬人一下的小行星，还真不少！它们有一个共同的特点，就是自己的轨道和地球的轨道很接近或者干脆就来插一脚，大咧咧地穿越地球轨道！不开玩笑，这真的非常危险！天文学家们把这群"恐怖分子"统称为"近地小行星"。由于运行轨道相交，它们很有可能会撞上地球。

哦，不！已经撞上过了！就在最近。

2013 年 6 月 8 日，一个卡车大小的小行星从澳大利亚上空掠过，距离地球只有 10 万千米。吓人一跳！10 万千米在地球上来看是很远，可在宇宙中，10 万千米就不算远了，甚至可以说近在咫尺。月亮与地球的距离也不过是 38 万千米。而且由于地球引力的影响，小行星的轨道很容易发生改变，只要它的轨道稍微向下偏一点点……

要知道，它不是没有偏过。

2002 年 6 月 6 日，一个冒失鬼小行星就一头扎进了地球的大气层，直奔地球而来！

　　还好还好！谢天谢地！它穿越大气层时，与空气摩擦产生的巨大热量，让它在地中海上空爆炸了。释放的能量相当于一颗中型原子弹！幸好这家伙的个头不是很大，否则的话，我们很可能就要遭受跟恐龙同样的命运了！

　　"太可怕了！还有没有会撞上地球的小行星？"

　　当然有！为了防范它们，美国、英国、俄罗斯和我们中国的许多天文学家都在利用世界上最先进的仪器，密切监视这些小捣蛋鬼。目前，已经有 700 多颗小行星被列入黑名单。其中最危险的一颗叫作"毁神星"，它很有可能在 2036 年撞上地球。不过由于小行星的轨道受到木星、火星、地球和月亮引力的共同影响，经常会发生变化，到底会不会撞上，还说不准。我们现在先把它"留校察看"。

那它要是真的撞过来，怎么办呢？

 只要事先发现，我们可以发射一颗导弹上去，把它炸碎或者打跑。

哦，那还好。可还有700多颗呢！天哪！像没头苍蝇似的乱转。太可怕了！我忽然觉得，咱们的地球简直是在枪林弹雨中啊！

 呵呵，也没那么恐怖。列入黑名单，只是说明我们需要提防着点，不一定就会撞上。好了，下面我们说点轻松的！

把你的名字带上天

　　小行星带中有这么多小行星，怎么称呼它们，就成了一个重要的问题。

　　比方说吧，柠檬要是观测到一颗小行星，该怎么办呢？

　　首先，要克制一下自己过于激动的心情，先仔仔细细地观察它一番，确定它的轨道。再好好地查阅以前的记录，看看是不是已经有人发现它了。要是真的没有的话，柠檬要赶紧报告国际小行星中心。

　　如果柠檬发现的这颗小行星的的确确被确定为新发现的小行

星，并且运行轨道被精确算出的话，国际小行星中心就会给它一个永久的编号。这相当于给它报了户口，或者说，它就是有"身份证"的小行星了。

随后的 10 年之内，柠檬作为这颗小行星的发现者，可以根据自己的喜好，给这颗小行星取个带劲儿的名字。当然啦，柠檬发现的星，肯定叫柠檬星喽，那样柠檬的大名就能遨游宇宙咯！

哈哈，这就是你刚才说的，把名字带上天的方法？

 对啦！怎么样？很有创意吧？

到目前为止，已经有 100 多颗小行星是以我国的地名、单位名或者杰出人物的名字来命名的，比如中华星、北京星、希望工程星、北京奥运星、杨振宁星、李政道星、钱学森星、陈景润星、袁隆平星、祖冲之星、张衡星……

哇！从小喜欢抬头数星星的张衡，终于化成一颗星，可以永远看星星，和星星做伴了！

 是啊，还有周杰伦星呢！

拜托,我可不想叫"小克星"!

我也发现一颗星!

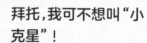 真的呀?那周杰伦星是不是在天上也边走边唱:"快使用双节棍,哼哼哈嘿……"

 我要去买个天文望远镜,去发现新的小行星……

第 **11** 章

偷看银河系的户口本

喂，柠檬，你在看什么？

嘘！小点声！别让人听见！

干吗呢？这么鬼鬼祟祟的！

我啊，在偷看一个户口本。

谁家的户口本？嚯！这么大？

银河系的。

银，银河系的？里面写了什么？让我看看！

嘘！天机不可泄露……

给银河系查户口的人

别看了，没什么稀奇的！

银河系的户口本和你家的也没啥两样，无非都是写家庭成员——就是这家子有几口人，都叫什么名字；家庭住址——这家住在哪里……就这些。

慢着！我们家的户口本"家庭成员"那一项好办，就三〇人。银河系的户口本这一项怎么写？谁能去查户口？我的老天！怎么查啊？

这个嘛，可说来话长！这是一个家族、两代人的动人故事。爸爸没做完的事，儿子接着干；哥哥未竟的事业，妹妹付出了一生。

哦？那快说说啊！

还记得我们前面讲过的威廉·赫歇耳吗？就是发现天王星的那个威廉·赫歇耳。他可真的是一位不折不扣的"观星达人"！可以说，他一辈子就干了两件事：一是制作望远镜，二是用他制作的望远镜看星星。

完全可以只干一件事嘛！干吗还要自己动手做望远镜？去买一个现成的，不就得了？

中国有句古话："工欲善其事，必先利其器。"虽说赫歇耳先生肯定是没听说过这句话，但也懂这个道理。

望远镜是伽利略发明的，后人把伽利略发明出来的望远镜叫作透射式望远镜。在赫歇耳之前，伽利略已经举着透射式望远镜看到了很多星。他认识到，天上有很多恒星。他看见了海王星，可惜把它当成了一颗恒星。他还第一个看见了土星的光环。

　　那时候人们看见点新鲜事，不兴立刻发个微博，而是更喜欢用拉丁文编一句密语，把自己的发现写出来。万一自己说得不对，也不至于太丢脸。要是说对了，将来被验证了，也可以保护自己的最先发现权。伽利略看见了土星的光环后，就写了一句密语，说："我看见，最高的星有三颗。"

柠檬悄悄话

　　密语？嘿嘿，真好玩！你想不想也编个密语或者密码玩玩？

　　请看本套书中的《数学，太有趣了！》第5章"嘘！秘密……（下）"，多多招数，柠檬教你。

这是什么话？

 当时人们认为土星就是最远的星，所以是"最高的星"。当时的透射式望远镜没那么好，害得伽利略把光环看成了一左一右两颗星，所以就是"有三颗"啦。你看，不给力的望远镜多耽误事！

威廉·赫歇耳不断研究、改进，制造出更好的望远镜，为的就是能更多、更远、更清楚地看星星。他自己改进的，是反射式望远镜。他用这种望远镜，仔细地观察星空，记录每一颗星的亮度、颜色，还测量它们与地球之间的距离。

威廉·赫歇耳（1738—1822），英国著名的天文学家、音乐家。恒星天文学的创始人，被誉为恒星天文学之父。

一辈子，就干这个！你说，他得看到多少星啊！

1785 年，赫歇耳利用自己的观测数据，画出了一幅银河系的全家福，把他毕生看到的星，都画了进去。在赫歇耳的想象中，银河系又扁又平，边缘并不整齐，太阳位于银河系的中心。不过，赫歇耳穷尽一生，也没有看到银河系的边缘。银河系太大了！

赫歇耳死后，他的儿子约翰·赫歇耳继承了老爸的遗志，继续辛勤地观星。他不仅描绘了北半球的星空，还带着父亲留下的望远镜，背井离乡，跑到南半球去观察那里的星空，终于绘制出了一张完整的全天星图！

威廉·赫歇耳的妹妹卡洛琳·赫歇耳，同样热爱星星，夜晚看星星、认星星，白天计算星星、记录星星……我们虽说不清，在赫歇耳家族留给世人的全天星图中，有多少颗星，是这位女性贡献的，但有一点是知道的：为了这张星图，她一辈子都没有结婚。

其实，很早之前，无论是中国人，还是欧洲人，都已经看见过银河。这个词早就有了。李白说："飞流直下三千尺，疑是银河落九天。"在牛郎织女的神话故事里，王母娘娘拔出簪子蛮横一挥，就划出一条银河阻隔有情人。西方人把银河叫作 Milk Way——"乳汁路"。虽然美丽，但都是仰望加幻想。赫歇耳通过系统观测加大量事实，有力地提出了"银河是一个星系"的观点。老赫歇耳观测了北天约 11 万颗星。小赫歇耳青出于蓝，记录了南天 70 万颗星。两代人的努力，第一次为人类描绘了银河系大概的样子，把人类的视野从家门口的太阳系，一下延伸到 10 万光年之遥。让人们惊讶万分地懂得了，以前觉得已经大得不得了的太阳系，不过是银河系庞大家族中的一个小小支脉。

 柠檬悄悄话

　　宇宙太大，要是还用米和千米做长度单位，简直是用瓢舀大海，要累死人哪。光是宇宙中速度最快的东西。光在真空中走一年的长度约是 94605 亿千米，哎！这个用着还省点力气，所以天文学中常用光年作为长度单位。

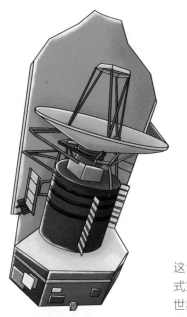

这台望远镜是赫歇耳制造并改进的反射式望远镜，口径达到了 1.2 米，是当时世界上最大的望远镜，被戏称为"赫歇耳的大炮"。

赫歇耳望远镜

可以说，赫歇耳家族就是给银河系查户口的人。为了做这件事，他们投入了两代人毕生的精力。为了纪念他们的贡献，欧洲航天局将一台非常强大的天文望远镜命名为"赫歇耳"。他们的名字，和天上的星星一样，会永远被人记在心里。

是挺感人的！你要是不说，我还想不到，现在我们在书上看到的知识，可能印在书里就是短短一小段，连一页纸都占不到。可是就为了这小半页的内容，一个人，可能还有更多人，花了一生的时间去探索。

你说得真好！所以能读书还是挺幸运的一件事，是吧？

银河系的家庭成员

毕竟赫歇耳是 18 世纪的人，现在是 21 世纪，望远镜有了很大的进步——从透射式到反射式，到现在的射电望远镜。我们可以把银河系的户口查得更翔实。

银河系的家庭成员可真是太多了！银河系内有几千亿颗恒星，总质量是太阳质量的 6000 亿至 30000 亿倍。银河系中大部分的质量都集中在银心，天文学家们相信，在银心中有大质量的黑洞存在。

柠檬悄悄话

银河系里的恒星数量，不同书里写得不太一样，有的写 1000 亿颗，有的写 3000 亿颗，这些都是估计的，不是真的一个个数出来的。宇宙中很多巨大的数字，包括什么星星上的山的高度啦，都是估算的，没人真的去量过。所以，这本书里很少出现具体数字。对于这些数字，你只要大概了解就可以了。不要太纠结！

我们的太阳系，处于银河系内部偏北的位置，所以在地球的南半球能看到更多的星星。太阳大约每 2.5 亿年绕银心转一圈。

什么是黑洞？是天上的一个大黑窟窿吗？

 这个咱们以后再说，一句两句说不清楚。

那银心又是什么？

 这就涉及银河系户口本的另外一项了——银河系的结构。银河系这一大家子，是什么类型的？

银河系的结构：涡旋星系

自赫歇耳以后，天文学家们提出了多种关于银河系结构的假设，不过都没有得到认可。为什么呢？我们自己就身处银河系之中，当然看不出它的样子。"不识庐山真面目，只缘身在此山中"嘛！要是没有镜子，没有水面的倒影，你知道自己长什么样吗？宇宙中，也没有这么大的镜子给我们照银河系啊。

那怎么办？怎么能知道银河系的结构，或者说银河系是个什么样子的呢？只能——猜！

猜也不能瞎猜。猜出来的结论，或者由此产生的推论，要能和天文观测结果相吻合，那样你猜的就会被人认可。如果你拍拍脑袋，猜银河系像一盒散在地上的薯条，可实际观测结果和这完全对不上号，那你就只能是自己猜着玩了。

20 世纪初，美国天文学家沙普利提出了涡旋星系的结构。他也不是随便猜的，是看到了别的星系是这个样子，才猜银河系是不是也这样。随后，他的想法又被进一步完善，最终，天文学家们说：嗯，差不多。你猜的，靠谱！

银河系就像一只章鱼。银河系的主要物质都集中在银盘内，银盘就类似章鱼的头部，只不过，银盘不是一个圆球形，而像一个扁平的盘子。在银盘的中心，有一个隆起的，近似于球形的部分，叫银心。它的中心有一个很小的，但密度很大的区域，叫银核，是银河系真正的中心。在银盘的外面，分布着银晕，银晕中有 4 条旋臂，就像章鱼的腕足一样远远地伸出。这些旋臂不停地围绕银核旋转。我们的太阳系就在其中的一条叫"猎户臂"的旋臂上。

银河系是一个直径约 10 万光年，厚约 1 万光年的扁平的星系。

宇宙中常见的星系结构

不规则星系长得奇形怪状，没有明显的核和悬臂。

椭圆星系，看上去呈圆形或椭圆形，中心亮，边缘暗，通常是比较古老的星系的形状。

涡旋星系，像圆盘一样的星系，有明显的核心，外围有旋臂。

棒旋星系，涡旋星系的一种，在它的核心处有明显的棒状结构。

那银河系的户口本上，还写家庭住址了吗？难道宇宙里，也有街道和门牌号码？

 这些当然没有。银河系的户口本里"家庭住址"一栏，写的是银河系周围都有哪些邻居。

哦？银河系的邻居？是谁？

银河系的邻居们

在银河系的周围，还有大麦哲伦星系、小麦哲伦星系、仙女座星系……大大小小的星系差不多有 50 个。这 50 个星系共同构成本星系团。

天哪！信息量太大！我晕！

 别怕。这个乍听上去有点闹腾，其实很好理解，待会儿告诉你。

　　柠檬这里要说的是，银河系的邻居们并不是老死不相往来。在万有引力的作用下，它们相互旋转，搞个舞会派对，有时还会串个门儿。大约再过 30 亿年，仙女座星系就会来银河系做客了。天文学家最关心的就是这位客人，用他们的术语叫"和我们的银河系相撞"。

什么？怎么不是小行星撞地球，就是星系撞星系啊？这宇宙简直就像个碰碰车场！

 哦，你不用太紧张这件事。

　　星系相撞，不太会发生像小行星撞地球那样剧烈的现象，因为两个星系都是比较稀疏的，想想我们的太阳系，你就知道了，星系中大部分的地方都是空的，只有很少的地方才会有星星，所以当两个星系相撞时，"星星对对碰"的可能性很低。

不过，在万有引力的作用下，无论恒星还是行星，它们的运行轨道都很有可能会发生变化。最终，在万有引力的作用下，两个星系会合成一个星系，这个合并的过程可能需要持续数十亿年。合并后新的星系将不再有旋臂的结构，也不再呈现涡旋星系的结构，而是变成椭圆星系。

好吧，毕竟那是30亿年以后的事情，还早着呢！现在，先给我说说那个大黑窟窿吧！

什么？

就是你刚才说的那个黑洞。

登记事项变更和更正记载

姓　名	变　更、更　改　后	变动日期	承办人

常住人口登记卡

姓　　　名	银河系	户 籍 类 型	游涡星系	
曾 用 名		家庭成员	几千亿颗恒星	
出 生 地	宇宙	民　　族		
籍　　贯		出 生 日 期		
地　　址	本星系团内，和大麦哲伦星系、小麦哲伦星系、仙女座星系为邻			
公民身份证件编号				
文 化 程 度				
服 务 处 所				
何时由何地迁来本市(县)				
何时何地迁来本址		登记日期：　　年　　月　　日		

承办人签章：

第 12 章

黑洞不是一个洞

听说黑洞是科学前沿。我也来研究一下！

黑洞，我也听说过，不知道是什么，总觉得有点瘆得慌……

 嗯，黑洞确实非常神秘！

我在电视里看到，记者在街上采访，很多大人也说不清呢。

 这很正常。黑洞是当代天文学的前沿和热点。普通人对黑洞有不少误解。希望待会儿柠檬讲的，能让你有一些对黑洞的准确认识。

哦，会不会很难啊？

 不会。我们先从人们对黑洞最常见的一个误解开始。

黑洞不是一个洞

黑洞是一种质量极大的天体。

我们好像一路都在说质量大、巨大、超级大，木星很大，太阳更大，呵呵，跟黑洞比，它们统统弱爆了！

黑洞的质量多大？

柠檬说过，木星质量大，可以把周围的小行星、彗星吸过去。太阳质量更大，吸引八大行星和一众小行星、彗星乖乖地围着它转。可太阳也有吸不住的东西，比如有些彗星就能脱离太阳的引力，飞向宇宙深处，还有光，也不是太阳能够吸得住的。黑洞不一样，它的质量大到一概通吃，连光都能被吸进去。

宇宙之大，无奇不有。面对浩瀚无尽的宇宙，人们心里涌动的好奇绵绵不绝，头脑里冒出的猜想千奇百怪。

黑洞这个奇特的猜想，最初就跳进了法国人拉普拉斯和英国人米歇尔的脑袋里。真是两个不寻常的脑袋！

我们望着满天繁星，数都数不过来。他们竟然能想到，宇宙中有些星可能是看不见的！质量和个头越大的星，它的引力就越强。当引力强到光都被它吸住、无法抽身的时候，我们就看不见那颗星了。喏！就是黑洞。也亏他们想得出来！连光都发不出来的东西，我们怎么看见呢？谁能知道，你说的对不对呢？

人的眼睛看不见，可以用最最先进的科学仪器呀！

科学仪器靠接收电磁波，来了解遥远的天体。高中你会学到，光就是一种电磁波。光出不来，电磁波也出不来，最最先进的仪器也就等于"瞎了"。

那怎么知道有没有黑洞，它在哪里呢？

 办法还是有的——用引力效应找。

还记得吗？一个小小的海王星，都能让天王星"出轨"。黑洞这样一个质量极大的巨无霸，它巨大的引力必定会让周围的东西有些古怪的行为。咱们就这样顺藤摸瓜，寻找黑洞。

哈！那里有个家伙举止异常！天鹅座 X-1 星，快看看！

这是一个双星系统，由一颗明亮的恒星和一颗不发光的暗星组成。其中那颗亮星，质量是太阳质量的 20~40 倍。根据这颗星的运动规律，人们推测，在它旁边的那颗不发光的星，质量大约是太阳质量的 8 倍。科学家们早就在理论上证明了，凡是不发光的天体，如果质量超过太阳质量的 3.2 倍，就一定是黑洞。好嘞！逮着一个，旗开得胜！

天文学家们给这个最早发现的黑洞打了一个好玩的比喻：一个帅哥，一身黑西服，一个姑娘，白裙飘飘。他们俩翩翩起舞。我们虽然看不见男伴，但可通过看女伴，来推断他的舞步。有意思吧？

照方抓药，又有发现。

银河系中心有块地方，本来空空荡荡，什么也没有。可是怪事出现了！原本应该走直线的光，到了这里，莫名其妙地拐弯了。这说明附近有一个质量超级大的天体，把光的路线给拽偏了。可是，看来看去，没发现附近有恒星。天文学家们算了算什么"吨位"的东西能干出这事来。嚯！这个神秘天体的质量大约是太阳质量的400 万倍。这么大，必是黑洞无疑！就这样，目标锁定：人马座 A* 星。

敢情我们银河系中心有这么个家伙呀！天文学家们相信，这并不是偶然。在每个星系的中心，都有大质量的黑洞，这样才能保证星系的稳定。

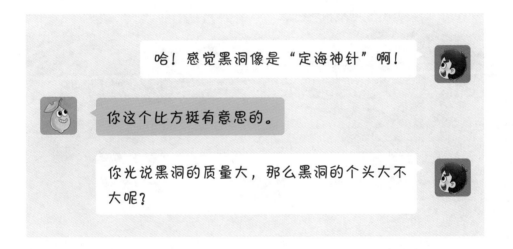

哈！感觉黑洞像是"定海神针"啊！

你这个比方挺有意思的。

你光说黑洞的质量大，那么黑洞的个头大不大呢？

大块头，还是小不点

黑洞的个头还真不太好说，为什么呢？

对于黑洞，我们无法说它的半径是多少。在黑洞的边缘，有一个分界线，天文学家们把它叫作视界。视界里面的一切物体，包括光，都无法飞出视界。也就是说，我们无法观察到视界里面。所以，通常，我们通常所说的黑洞的半径，实际上是视界的半径。黑洞的质量越大，视界的半径也就越大。

视界的里面是什么样子的呢？看是看不见了，只能靠理论计算来了解它的内幕。黑洞所有的质量，都集中在视界里正中心的一个点上。而视界里的其他地方，空空荡荡，什么都没有。

　　有些天文学家相信，如果能够进入视界，到达视界的中心，那么我们就可以回到过去，可以进行时间旅行。这可不是科幻，是科学！

　　科学归科学，但是办不到，也没人敢尝试。

　　因为没有任何人或者宇宙飞船能够到达那个点。在你还没有到达那个点的时候，强大的万有引力就会把包括人和飞船的一切一切，撕成碎片，变成宇宙中最微小的粒子！

我想起木星吃掉苏梅克 - 列维 9 号彗星的事来了。

比那个还霸气，还生猛，还强悍——彻彻底底地生吞活剥，一点不剩，永不回头！

黑洞的"三毛"定理

　　怎么说"一点不剩"呢？

　　我们知道，什么东西都有自己的信息，比如由什么元素组成、质量多少、带电量多少……可一旦被黑洞吞噬，那么有关它的一切信息都将消失。比如说一个带电的铁球，本来我们是知道的，它由铁元素组成、质量是多少、带电量是多少，这些都可以了解到。

可要是被黑洞吃掉的话，这些就都没有了，销声匿迹，无从知道！

科学家也不都是板着面孔、不说不笑的老学究，有时候也挺顽皮的。你越是学到前沿科学，越能感受到科学家们的童心。他们硬是搞笑地把这些丢失的信息，叫作黑洞的"毛"。把黑洞这种吃进去就不由分说、喀里喀嚓"剃光头"的诡异行径，叫作黑洞无毛定理，也算幽了黑洞一默。

黑洞无毛定理还被人证明过。有几个人共同完成了这个高难度的计算，其中一个叫史蒂芬·霍金。

说他是科学达人，实在太低估了。他是一位享誉国际的科学伟人，或者可以干脆说，他是一个奇迹！他 21 岁时得了一种怪病，全身肌肉萎缩，只能歪歪斜斜地蜷缩在轮椅上。医生断言，他的生命只有两年。可最终，霍金又活了半个多世纪，直到 2018 年 3 月 14 日，他才与世长辞，享年 76 岁！

他连话都说不了，跟人交谈只能靠语言合成器，却能语出惊人，讲出宇宙的秘密。他全身都不能动，唯一能动的就是那个不可思议的大脑，以令健全人汗颜的方式，思考宇宙的问题。

太强大了吧？这个人还表现出令人难以置信的乐观！刚得病的时候，他还照样参加划船比赛。全身瘫痪了，他还不放弃舞会。路过一座小山，他还恶作剧地"飙"轮椅。一按按钮，结果呢？这位大名鼎鼎的引力专家，和轮椅一起，被万有引力抛进了路边的花丛里。

对这样的一个人，我们当然可以原谅他的一点小疏漏。其实黑洞并不是完全无毛，它还保留了 3 个可观测的物理量，分别是质量、带电量和角动量，也就是说，它还有 3 根毛。所以，我们也学学霍金的幽默，把"无毛定理"改成"三毛定理"吧！

霍金还证明了，黑洞是有温度的。质量越大的黑洞，温度就越低。既然有温度，就一定会向外辐射能量。黑洞向外辐射能量的现象，被称为霍金辐射。

我的天哪！柠檬第一次听到这话，严重怀疑自己的耳朵。黑洞不是吞噬一切的吗？怎么还会辐射能量？这实在和通常的概念以及直觉完全相反，真是让人无法接受。不过这次，霍金是正确的。这里面的道理有点难以理解，辐射问题是黑洞的前沿领域。你就稍稍了解一下这个结论，知道黑洞的辐射被称为霍金辐射，就已经相当厉害了！

天文学家们还预言了另外一种天体，那就是白洞。和黑洞吞噬一切物体相反，白洞时时刻刻向外喷射物质。不过，这种天体只存在于理论中，在现实的宇宙中，还未发现过。

哇！太酷了！都是高科技！我知道了黑洞，还有那个"无毛"，哦不，"三毛定理"，都能算大学生水平了吧？

绝对够得上研究生水平！恭喜你！

耶！太棒了！拜拜了，柠檬。
爸爸，您知道什么叫"霍金辐射"吗？

看你，别急嘛！还有更厉害的呢！

第 13 章

哦，宇宙……

除了黑洞，柠檬这里还有更厉害的呢——宇宙，宇宙是什么样的？宇宙有多大？宇宙的寿命是多少？

哇！宇宙！可宇宙是什么样子，怎么知道呢？柠檬你一路都讲猜想，我现在也懂了。人可以猜想，可以尽情猜，不过只有被实验证实的猜想，才叫科学。宇宙是什么样子，我估计，猜想又会一大堆，可怎么证实呢？这太难了吧！

 你果然变厉害了！

前面你还有个问题，没有回答我呢！就是那个什么星系啦，又是什么星系团、超星系团的……

 这个不难，我们从它开始。

宇宙中的星星，可不像蛋炒饭里的鸡蛋一样，是均匀分布的。大部分地方都是空空荡荡的，星星们扎堆儿聚在一起，就成了星系。宇宙中有亿万个星系。

星系们也不是均匀分布的，三两成群地凑在一起，组成星系团。

星系团也不是均匀分布的，星系团们也结成团伙，就叫超星系团。

哦，超星系团猛一听觉得挺高深的，原来就是星系团团——星系团组成的团。

不妨这么理解。

封闭，而又没有边界的宇宙

那么宇宙是什么样子的呢？就像你说的，从古到今，不断有各种猜测。我们中国古人说的"天圆地方"就是其中一种。西方人也有他们的猜想。当然，这些都没有任何理论根据。

1917年，有理论依据的来了！

爱因斯坦提出了"静态宇宙模型"。爱因斯坦当然厉害了，他这个可不是随便说的，有他的广义相对论做基础。"静态宇宙模型"说的是什么呢？简单地说，爱因斯坦给我们描绘的宇宙没有边界，是封闭的，是大小有限的，它的大小不会随时间变化，是多大就老是这么大了，不会变大或变小。爱因斯坦是第一个列出宇宙学方程的人，称得上是现代宇宙学的奠基人。

哇！爱因斯坦的理论就是高深！我就想不明白，怎么能既是封闭的，又没有边界呢？没有边界，怎么能封得住呢？

这个问题问得好！爱因斯坦提出的有限、无边的宇宙，确实颠覆了人们通常的概念。

比方说一张课桌的桌面，桌子做出来，长和宽就定下来了，改不了了，是吧？它的面积也就这么大了，是有限的。要是放上一只瓢虫，不管怎么爬，不管爬得快慢，总归它能爬到桌子边上。没错吧？

可要是把瓢虫放到一个足球的表面上呢？当然，球的表面积也是确定的，大小是有限的。但是你说这只瓢虫能爬到边上吗？不会，没个头儿啊！它怎么也爬不到尽头，可以一直爬，一直爬……所以，一个球面就可以说是有限但无边的。

天哪！爱因斯坦的脑袋真不一般！怎么想出来的？

爱因斯坦想的是挺神的！可他想的对不对呢？

宇宙大爆炸

静态宇宙模型提出后不久，天文观测就有了惊人的发现。美国天文学家哈勃发现，所有的星系都在远离我们运动。

要是一个人发现，他的朋友邻居都远离自己而去，肯定非常难过，有种被孤立的感觉，倍感孤独。当天文学家得知星系都离我们远去，就不是感到难过和孤独了，而是陷入思考，要想办法去解释星系的这种集体运动——什么情况？

科学家的思维是理性的。他们清楚，当然不是太阳系得罪谁了，弄得大家都在躲避我们。科学家想到：宇宙在膨胀。这样就可以解释为什么所有的星系都在远离我们。没什么大不了！别人远离我们，我们也在远离别人。

显然，这个结论直接宣告：静态宇宙模型不成立。

科学就是这样，不能因为这是爱因斯坦说的，我们就得认为它一定正确。科学讲究尊重事实。科学是求真的！

于是，天文学家们又

提出了膨胀宇宙模型。这和爱因斯坦说的不一样啦，不是静态的，是动态的，在变的。在这个基础上，美国物理学家伽莫夫在 1946 年正式提出大爆炸宇宙模型。嘭——

这个理论一出，科学家们也像炸了锅，各种观点，赞同的、反对的、质疑的、力挺的，接连不断，此起彼伏。到现在，大爆炸理论还是宇宙学的前沿和热点问题。

哇！又是前沿啦？快讲讲！我也听说过什么大爆炸，觉得一定很高深的。

 那柠檬尽量把高深变简单，讲给你听。

天文学家们推测，现在宇宙的年龄大约是 138 亿年。也就是说，在 138 亿年前，宇宙并不存在，时间和空间也不存在。

突然"嘭"的一下，在一次大爆炸中，宇宙诞生了。

新生的宇宙很小，但温度很高。随后，宇宙开始膨胀，同时温度开始下降。

宇宙膨胀的速度很快。

大约在宇宙诞生的第 10 秒，质子和中子结合成氢、氦等原子核，那时的温度是 30 亿度。

大约在第 30 万年的时候，电子和原子核结合成为原子。

大约 4 亿年时，第一批恒星形成，银河系形成；大约 90 亿年时，太阳系形成……

现在的宇宙，平均温度已经下降到零下 270 摄氏度，而且还在继续下降。根据物理学理论，宇宙中任何一个地方，无论怎么冷，温度都不可能低于零下 273.15 摄氏度，这个温度被称为绝对零度。所以，现在的宇宙，温度已经很低了。

那这个宇宙大爆炸，对不对呢？怎么验证它呢？

大爆炸宇宙模型现在已经被天文学家们普遍接受，确实有一些证据支持这个说法。

比如说宇宙中氦元素的丰度值，还有微波背景辐射。这两个对你来说有点难了，柠檬就不详细说了。

不过这个模型也不是十全十美，还有很多没搞定的问题。比如这个大爆炸模型就说不清楚最初的 3 秒发生了什么？宇宙的质量到底有多大？宇宙早期的演化到底是什么样子的？在这些问题解决之前，宇宙大爆炸模型还只是一个猜想。

那么，宇宙有多大呢？

　　哦！对不起！到目前为止，人类还不知道宇宙的大小。多数天文学家认为，我们现在能观测到的宇宙范围大约是 200 亿光年。可也有人认为，这个数字应该是 457 亿光年。

观察宇宙 Vs 了解历史

　　哼！不爽！你净说些不知道、不确定的。

　　呵呵，没有成就感是吗？

　　我们人类今天能知道这些，是源于我们曾经的不知道，我们好奇，我们探索。任何知识都始于不知道。爱因斯坦告诉我们：想象力比知识本身更重要，提出问题比解决问题更重要。正是这些不知道、不确定，带领我们去发现宇宙中更多的奥秘！

　　嗯，说得也有道理。

　　你知道"宇宙"两个字是什么意思吗？

　　不知道。

古人说："上下四方曰宇，古往今来曰宙。"宇宙就是空间和时间的总和。"上下四方"好理解，"古往今来"怎么说呢？

当我们看到一颗很远的星，它离地球有 2000 光年，这就意味着，我们看到的是它 2000 年前的样子！这走了 2000 年才到地球的光，带我们回到了过去。在宇宙中，我们看到了历史。当我们计算出一颗星、一个星系几万年甚至上亿年后会怎么样时，在宇宙中，我们又能看到未来。

宇宙蕴含着无限的可能！

哈哈，说不定以后，我也能提出一个宇宙模型呢？！

 当然！很有可能！